Kaoru Takeda
Maniac Lesson

狂熱糕點師的「乳化&攪拌」研究室

竹田薰◎著

蔡婷朱◎譯

瑞昇文化

前言 *prologue*

素未謀面以及曾見面數次的讀者們，
謝謝各位翻閱此書，

我在2018年春天於日本發行了第一本「狂熱糕點師的洋菓子研究室」後，
糕點製作研究也更進一步。

每天製作糕點的同時，心中開始出現了些想不通的疑問，
像是「拌法會對成品帶來怎樣的影響？」
「只要注意哪些環節，就能按照自己的方式製作？」

這時，腦中浮現的關鍵字就是「乳化」，
以及會被怎麼攪拌帶來影響的「麩質」。

「乳化」與「麩質」常見於食譜，但我發現自己對這兩個字眼其實非常陌生。
雖說「要攪拌到乳化」、「麩質狀態會改變口感」，
但實際上究竟會對糕點成品帶來怎樣的差異呢？

說真的，若要深入研究，可能必須備妥所有條件，
使用精密設備才有辦法研究出個所以然。
但本書並不是想跟各位傳達「乳化絕對必要」或是「麩質狀態非常重要！」
而是希望讀者們能藉由本書，學會如何調整乳化狀態及攪拌方法，
做出自己想要的糕點成品。

我將自己非常注重的環節詳述於12～14頁，
還請各位閱讀食譜前，稍微瀏覽其中內容。

當然，除了討論乳化與麩質，
我也透過替換材料、改變份量、溫度、作法，以及調整步驟順序等方式，
針對製作糕點的所有疑問，進行各方面的驗證。
同時介紹了許多從基本作法變化而來的美味食譜。

書中會提到9種最常見的人氣糕點，並詳列重點，仔細介紹食譜，
還會從不同角度，進行包含乳化、拌法等步驟的驗證。
舉例來說……

- 貓舌頭餅乾 … 有無乳化、換成融化奶油、不同品牌的低筋麵粉
- 餅乾 … 全蛋換成蛋白或蛋黃、改變蛋量或砂糖量
- 杏仁塔 … 杏仁奶油餡有無乳化、打發奶油製作
- 蛋糕捲 … 減少攪拌次數、蛋糕麵糊改成分蛋打發或是分蛋打發後擠成條狀
- 奶油蛋糕（全蛋打發的磅蛋糕）… 比較全蛋打發與分蛋打發的差異
- 瑪德蓮 … 麵糊靜置後再烘烤、不同的烘烤溫度、改用電熱烤箱
- 巧克力蛋糕 … 硬性打發蛋白霜、改變巧克力可可含量
- 布列塔尼布丁蛋糕 … 攪拌次數減半、靜置一晚再烘烤
- 法式鹹蛋糕 … 充分攪拌再烘烤、麵糊回溫後再烘烤……等

驗證內容涵蓋範圍極廣。

這些都是各位平日深感疑問，
卻較難自行驗證的項目。

並沒有所謂絕對正確的解答，
我僅希望能透過本書，
協助各位找到滿意的答案，
讓自己的糕點之路走得更寬，品質也更精進。

竹田薰

contents

※書中基本原則
- 書中標示的烘烤資訊為瓦斯烤箱的加熱溫度與時間。
- 加熱溫度、加熱時間與出爐的成品會因機型不同有所差異，請依書中時間搭配使用的烤箱機型做調整。
- 需使用到烤箱時，請務必在烘烤前充分預熱至加熱溫度。
- 書中使用的微波爐規格為500W。

關於材料

製作糕點的第一步必須從挑選材料開始。
另一方面，如何保存未使用完的材料也非常重要。
請各位掌握選法及材料特徵，讓糕點成品更接近理想。

[麵粉]

麵粉會明顯影響糕點的口感及味道，需視情況選擇低筋麵粉或中高筋麵粉（參照P.7）。保存時需密封，避免接觸濕氣，多雨季節務必特別注意保存。

[雞蛋]

雞蛋本身的味道會直接影響糕點風味，因此選擇哪種蛋就非常重要。各位可整年都使用同一款雞蛋，來掌握產卵時期與雞隻個體大小，會對蛋白強度或蛋黃大小帶來怎麼樣的差異。

[奶油]

大多數的食譜皆使用無鹽奶油。特徵等詳細內容請參照P.9。

奶油是既容易走味，又容易變質的食材。保存時需密封包緊，完全阻絕光線，並盡早使用完畢。冷凍保存則請完全密封阻絕空氣。

[砂糖]

砂糖不僅會影響味道，更是發揮香氣與口感的重要材料。每種砂糖的特徵表現皆非常強烈，務必選用符合糕點特性的砂糖（參照P.8）。

砂糖容易走味，因此保存時，請勿擺放於巧克力等氣味濃烈的材料旁。

[鮮乳]

本書使用乳脂含量3.6%以上的鮮乳。乳脂含量低於3.6%的鮮乳缺乏濃郁度及風味，會使糕點成品的呈現薄弱。請避免使用加工牛奶，挑選寫有「成分無調整」的鮮乳。

[鮮奶油]

本書使用乳脂含量約為36%的動物性鮮奶油。增加乳脂含量百分比的話，鮮奶油會改變其他食材的風味呈現，因此務必使用食譜記載的鮮奶油。外出採購時別忘了準備保冷袋，確保低溫狀態。另外，鮮奶油不耐溫度變化及搖晃，請避免擺放冰箱門邊，改放較不會挪動的位置。

TOMIZ（富澤商店）推薦商品

去皮杏仁粉：以美國加州產杏仁於日本加工製成粉末，為百分之百純天然的杏仁粉。

裝飾糖：顆粒較精製白糖大，非常適合裝飾烘焙糕點，能充分享受到其獨特口感。

葛宏德鹽：來自法國布列塔尼半島南部的葛宏德（Gueraude）鹽田，是取自海水製成，滋味豐富的海鹽。

微粒子精製白糖：能與麵團均勻混合，相當適合用來製作糕點的細緻微粒子精製白糖。

特寶笠（增田製粉）：蛋白質含量較少，能享受到糕點成品溼潤的質地與柔軟口感。

紫羅蘭（日清製粉）：最具代表性的低筋麵粉。成品表現輕盈，能用來製作各類糕點。

Dolce（江別製粉）：百分之百使用北海道產小麥，能避免乾柴，維持濕潤口感。

法國粉（鳥越製粉）：日本最早開發的專業法國麵包專用粉。能享受到小麥既有的風味及香氣。

關於麵粉

麵粉種類繁多，選擇頗具難度。
想要呈現出理想的口感，就必須掌握麵粉特徵。
這裡也會說明每款麵粉的表現差異。

◆ 麵粉性質

麵粉含有「麥穀蛋白」（Glutenin）與「醇溶蛋白」（Gliadin）兩種蛋白質。麥穀蛋白具備拉伸後會恢復原狀的「彈性」，醇溶蛋白則是具備能夠大幅拉伸的「黏性」。兩者與水結合後，會轉變為「麩質」（Gluten），形成兼具彈性及黏性的麵團。

麵粉的原料小麥可分為硬質小麥與軟質小麥，小麥的麩質質地與含量會大幅影響麵團狀態，選用合適的麵粉就能製作更多種類的糕點。硬質小麥主要使用於麵包，軟質小麥則多半用來製作糕點。

◆ 種類與用途

日本根據蛋白質含量將麵粉分成大種類。依麩質含量少至多、特性表現弱至強區分，分別為低筋麵粉、中筋麵粉、中高筋麵粉、高筋麵粉。製作海綿蛋糕或餅乾等柔軟麵團要使用低筋麵粉，塔類糕點等紮實麵團則要使用中高筋麵粉，必須依各種需求選用麵粉。

主要的麵粉種類	麩質含量	麩質特性
低筋麵粉	少	弱
中筋麵粉	偏少	偏弱
中高筋麵粉	偏多	偏強
高筋麵粉	多	強

◆ 廠牌與產品也會有差異

即便是同樣種類的麵粉，不同廠牌或產品也會出現蛋白質或灰分含量上的差異。所謂灰分，是指外殼或胚芽處含有的大量礦物質，據說含量愈多，小麥的風味愈強烈。蛋白質與麩質含量並非絕對成正比。

接著就來看看本書使用的特寶笠、紫羅蘭、Dolce三款低筋麵粉與中高筋麵粉的法國粉有哪些差異吧。

麵粉品牌	蛋白質含量	礦物質（灰分）含量
特寶笠	7.6±0.5%	0.35±0.02%
紫羅蘭	7.8±0.5%	0.33±0.03%
Dolce	9.3±0.5%	0.34±0.03%
法國粉	11.9%	0.44%

質地輕盈的蛋糕捲或是要能享受在嘴裡化開口感的法式鹹蛋糕需使用特寶笠麵粉，講究口感爽脆的貓舌頭餅乾與希望麵粉風味別備奶油壓過的奶油蛋糕則是使用紫羅蘭麵粉。製作貓舌頭餅乾時有拿低筋麵粉做比較，各位不妨多加參考。

製作厚燒奶油酥餅或瑪德蓮等，需要呈現麵團質地或強調麵粉風味的糕點時，則是使用法國粉。

※麵粉的蛋白質含量與灰分含量是參考TOMIZ的產品資訊。麵粉原料屬農產品，品質狀況將可能使營養成分數值出現變化。

關於砂糖

砂糖種類繁多，不僅帶有甜味，還能讓糕點變得濕潤，
更是烤出漂亮顏色不可或缺的食材。
掌握砂糖的特徵，才能知道會做出怎樣的糕點成品。

◆ 何謂砂糖

砂糖的原料是甘蔗或甜菜，將榨取的汁液清淨、過濾（取得「透明糖液」），再經過濃縮→結晶→分離與乾燥步驟後，製成砂糖（上白糖、細砂糖、三溫糖等）。即便都是以甘蔗為原料，作法不同，製成的砂糖種類也不同，其中包含了將精製過程中的砂糖液繼續熬煮收汁的蔗糖，或是將榨取出的甘蔗汁液熬煮收汁的黑糖等。若再將製好的砂糖加工，又能變成方糖或糖粉。

砂糖除了帶有甜味外，經烘烤後還會變色（梅納反應），並擁有吸引水的特性（保水力）。不僅如此，砂糖還能奪取食品含有的水分（脫水力），讓食材不易損壞，提高保存性。砂糖會融化於麵團氣泡四周的水，透過增加黏度的方式讓氣泡處於穩定狀態。

◆ 種類與特徵

砂糖種類	特徵
上白糖	將去除不純物的結晶添加轉化糖製成的日本特有砂糖。甜味濃郁，能讓成品溼潤。
精製白糖	一種細顆粒的結晶狀精製糖，顆粒乾爽無強烈風味，但顆粒較大，因此不易融解。
微粒子精製白糖	顆粒更細緻的精製白糖，較能混合均勻且容易融解，適合用來製作糕點。（譯註：接近台灣的細砂糖，但微粒子精製白糖會比細砂糖的顆粒再小一些）
糖粉	將細砂糖磨成粉狀的砂糖。糖粉亦可細分多種種類，除了有純糖粉、含寡糖糖粉、含有水飴粉末的糖粉、添加玉米粉的糖粉外，還有添加油脂，作為裝飾用的糖粉。
Cassonade蔗糖	使用百分之百甘蔗，屬未精製過的法國產粗糖。風味十足且表現濃郁。
蔗糖	將精製過程中，仍保留礦物質的砂糖液熬煮收汁製成。具備簡樸風味與甜味，並稍微帶點雜味。
三溫糖	將製作上白糖與精製白糖時精製而成的糖蜜反覆加熱後，所產生的焦化物，表現濃郁且充滿香氣。亦有添加焦糖的三溫糖。

關於奶油

奶油能呈現出豐富的風味、濃郁度及口感。
奶油本身的味道會直接影響糕點風味。
根據要使用的食材挑選奶油可說非常重要。

◆ 奶油如何製成？

鮮乳經遠心分離，就能取得奶油原料的乳脂。將乳脂殺菌冷卻，並維持低溫「靜置」使其熟成。接著進行劇烈攪拌的「攪乳」作業，製作脂肪細粒（奶油粒）。經水洗、加鹽後，再揉捏奶油粒，讓粒子中的水分與鹽分均勻分散，這時便能做出滑順的優質奶油。根據日本厚生勞動省乳等省令規範，將奶油的定義為「以鮮乳、牛乳、特別牛乳中的脂肪粒攪拌而成」、「乳脂肪成分需為80.0%以上、水分需為17.0%以下」。

◆ 本書使用的奶油

材料表中列有「發酵奶油」，若沒有特別說明，我都是使用明治乳業推出的發酵奶油（無鹽）。明治的發酵奶油帶有令人印象深刻的發酵香氣，能使糕點風味佳、氣味濃。各位可思考自己心中理想的成品，挑選喜愛的奶油。

製作糕點時，我非常講究奶油。為了更了解奶油，我也嘗試以各種狀態的奶油，進行許多驗證。

◆ 強烈推薦使用發酵奶油

發酵奶油的種類可分為將原料的乳脂添加乳酸菌發酵製作而成，以及攪乳後添加乳酸菌製成。如此一來才能做出擁有獨特芳醇香氣的奶油。無論是哪種發酵奶油，保存期限都比非發酵奶油來的短。

在糕點發源地的歐洲多半使用發酵奶油，種類也相當豐富。每個地區都會發揮自我特色，因此不同產地的奶油風味差異甚大。有些添加了海藻，還有充滿牧草風味的草飼奶油等，種類多樣。掌握了牛隻的生長環境與食用飼料，就能學會更多知識。

在歐洲地區，只要奶油商品上有A.O.P.※認證標誌，就表示在原產地的生產過程中完全通過各項嚴格基準。另一方面，手工奶油則多半謹守古老工法製成，無論是香氣或味道皆不同，各有其優勢。

近期，日本的國產發酵奶油種類也不斷增加。每個業者的產品風味差異甚大，有的帶沉穩的發酵香氣，有的則是表現強烈，種類相當多元。

※A.O.P.：Appellation d'Origine Protégée（原產地命名保護制度）
※自2019年春季起，日本針對從海外攜回的乳製品檢查規範更加嚴格。根據攜帶的份量與方法，將可能需接受檢疫，各位務必多加留意

關於器具

常會有人問我，是使用哪些器具。
接下來會跟各位聊聊挑選時的重點以及我的推薦產品。
另外還有一個關鍵，就是選擇適合自己的東西。

測量

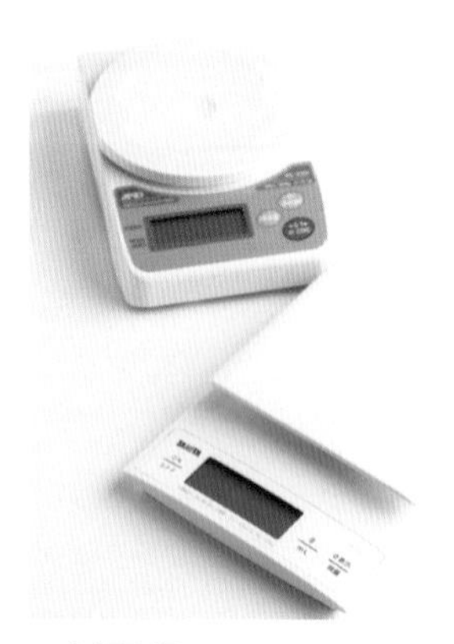

◆ **料理秤**

推薦最小測量單位為0.1g的產品。若測量物的單位是小數點以下，使用微量電子秤會更精準。

濾篩

ⓐ 篩粉網

除了能去除粉料結塊，還能讓粉料夾帶空氣。

ⓑ 濾茶網

濾篩少量粉料或撒入糖粉時使用。

混合

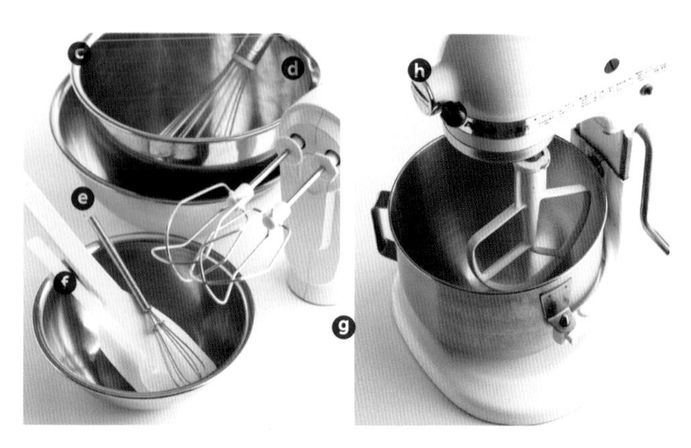

ⓒ 料理盆

我是使用導熱較好的不鏽鋼製料理盆。建議可備妥大中小尺寸，依材料需求選用。

※為了讓讀者更好理解，本書的步驟圖片是使用玻璃製料理盆。

ⓓ 打蛋器

建議各位使用鋼線穩固，符合食譜份量的打蛋器（書中使用8號）。若料理盆較大，打蛋器較小，材料會不易混合，花費時間較長。拌盆較小，打蛋器較大的話，則會太快打發。

ⓔ 橡膠刮刀

除了能大致混合麵糊，刮刀還能緊貼料理盆的弧度，方便刮取麵糊。選用一體成型的刮刀會較衛生。

ⓕ 矽膠湯匙

抹平麵糊時，能用來進行較細節的作業。選擇高溫也能使用的矽膠材質會比較方便，推薦使用一體成形的矽膠湯匙。

ⓖ 手持式電動打蛋器

不同品牌或產品的差異甚大，首先必須掌握產品特性。P.88會介紹產品間的差異。

ⓗ 桌上型攪拌機

我喜歡使用KitchenAid的產品，固定料理盆後，就能設定自動攪拌、揉合、打發等步驟。

擀開、烘烤

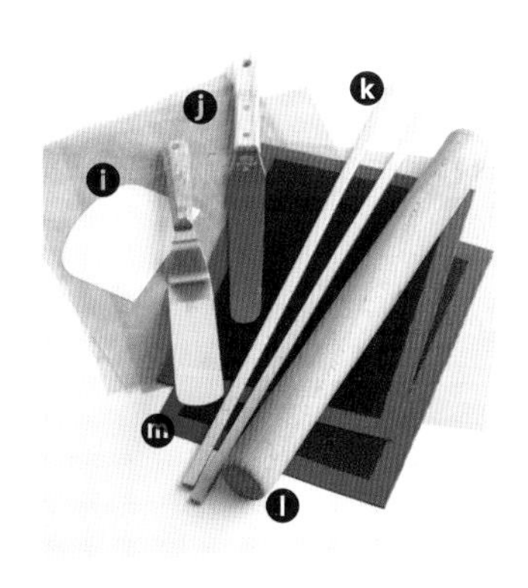

ⓘ 刮板
用來抹平麵糊，或是刮除盆中麵糊。建議選擇能稍微貼合料理盆弧度的刮板，會較好使用。

ⓙ 抹刀
若要在平坦處抹上奶油，建議使用L型抹刀會較方便。另也推薦可稍微彎折的抹刀。

ⓚ 鋁條（木條）
用來將麵團擀成均勻的厚度。準備一組稍帶重量的鋁條（木條），就會非常有幫助。

ⓛ 擀麵棍
用來擀開麵團，但有時也會用來敲打變硬的冷藏麵團，因此建議選用堅固且帶重量的木製擀麵棍。

ⓜ Silpan矽膠烤墊、重複用烘焙紙
MATFER推出的矽膠烤墊為網目狀，能夠重複使用。烤墊可排除多餘的油脂及水分，能烤出底部平坦的成品。可清洗後再使用的重複用烘焙紙作業性佳又非常方便，但我也是會使用一次性的烘焙紙。

烤箱

我是使用林內牌（Rinnai）的旋風式烤箱。旋風式烤箱內建風扇，能形成柔和的對流熱風，藉此加熱食材，這也使得旋風式烤箱內部能維持一定溫度。無論哪種烤箱都會有烘烤不均的情況，因此在烘烤過程中不妨轉動烤盤的前後方向。書中也做了用瓦斯烤箱與電熱烤箱烘烤同一種糕點的比較（P.118～119）。

其他

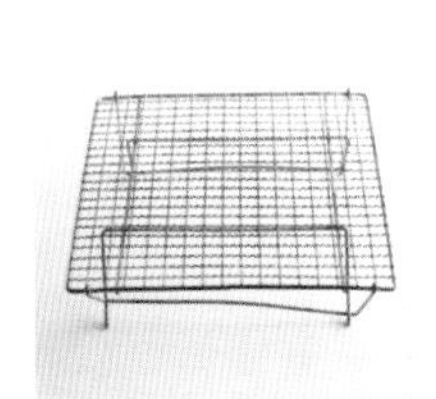

◆網子（散熱架）
推薦高度較高、糕點散熱較快的網子。可準備適合成品大小的散熱架。

◆稻和半紙
我是使用可在文具店購得的稻和半紙。能夠適當保留烘烤時的水分，因此適合用來製作蛋糕捲。

◆擠花袋、花嘴
基於衛生考量，我是使用拋棄式擠花袋，但塑膠材質較容易受手的熱度影響，使用上稍有難度。

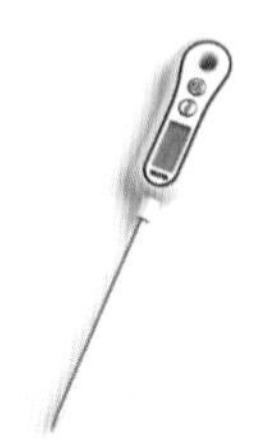

◆溫度計
用來處理巧克力等較細膩的素材。建議選購數字顯示較大的數位式溫度計。

關於乳化

「乳化」是本書非常重要的主題。
我們很理所當然地「乳化」一詞掛在嘴邊，實際上可是非常深奧。
關於乳化的研究雖然已有定論，但這裡將會針對書中的發現加以解說。

什麼是乳化？

「乳化」是製作糕點不可或缺的重要環節。乳化原本是指無法混合在一起的水分及油分其中一方變成細小粒狀，並漂浮在另一方的液體中。可分成油滴分散於水中的水包油乳化物（鮮奶油、美乃滋等）與水滴分散於油中的油包水乳化物（奶油、人造奶油等）兩種類型。

製作糕點時常會有混合奶油與雞蛋的步驟。食譜也經常寫道「將雞蛋逐次少量加入奶油中，每次都要充分混合使其乳化」。

只要充分乳化，糕點的成品口感就會非常滑順美味，當然就能為風味及香氣表現加分。本書也會針對有無乳化對成品會造成何種差異進行驗證（P.20～21、60～61、94～95、126～127）。

乳化其實很難掌握

在家中製作糕點時，想要掌握「完全乳化」幾乎是不可能的。即便外觀及攪拌時的手感會讓人覺得「已經乳化」，但我們並無法得知以分子結構來看，是否真的已經乳化。

因此本書並不會執著於乳化是否完全，而是改用「手感上能感覺乳化」或「混合時不用太講究明顯的乳化」來說明步驟。

一定要乳化才行？

製作奶油蛋糕或杏仁奶油餡等必須講究麵糊均勻度與滑順感的糕點時，基本上就要達到乳化。書中也驗證了未乳化會做出怎樣的成品。

不過，像是貓舌頭餅乾這類講究酥脆感的糕點，也能透過不用太過明顯乳化的方式，達到追求的口感。

一般雖然常說「製作糕點時，乳化非常重要」，但也請各位知道，這並不需要套用在所有糕點上，而是依照目的製作即可。

乳化還可分不同階段？

一般認為，水分與油分充分混合後就會形成乳化，但其實從分子的角度來看，目前其實仍無法清楚得知乳化究竟能達到怎樣的程度。

舉例來說，若想混合奶油與雞蛋達乳化狀態，只要逐次加入少量雞蛋並充分攪拌，兩者就會變得滑順，看起來就像已經乳化。但就算帶有適當黏性，狀似完全攪拌混合，只要經過一段時間，雞蛋的水分可能還是會稍微浮起。

乳化其實也可分數個階段，感覺就像漸層一樣。分別是：

- **尚未乳化**
- **正在乳化，但尚未分離**
- **看起來已經乳化，但尚未完全乳化**
- **已完全乳化**

…這幾種情況

充分攪拌後，就算乍看之下已經乳化，但其實大多數的情況仍尚未「完全乳化」。法式沙拉醬便可歸類成「尚未完全乳化」或「暫時乳化」。

靜置時油與醋雖然呈分離狀態，但用力搖晃後又混合在一起。不過，再經過一段時間卻回到油醋分離狀態，因此較難認定為「已完全乳化」。

那麼，「完全乳化」是否真的存在？

舉美乃滋為例的話，是扮演乳化劑角色的蛋黃，讓美乃滋能維持乳霜狀態。因此副材料將可能幫助食材達到「完全乳化」。

關於麩質

與「乳化」一樣重要的環節就屬「麩質」。
麩質會明顯影響口感、嚼勁、成品膨脹狀態，
因此務必掌握麵粉具備的特性與結構。

什麼是麵粉特性？

「麩質」（Gluten）是能為糕點或麵包帶來口感的物質，能夠決定成品在蓬鬆、彈性、嚼勁上的表現。

麵粉含有6～15%的蛋白質，其中絕大部分都是麥穀蛋白（Glutenin）與醇溶蛋白（Gliadin），將麵粉加水揉捏後，兩者相互結合就會形成麩質。

麥穀蛋白具彈性，卻不易拉伸。反觀，醇溶蛋白雖然彈性表現不佳，但具備強大黏著力，且容易拉伸。兩種特性迥異的蛋白質結合後，形成了兼具適度彈性與黏性的麩質，同時也是製作糕點或麵包時不可或缺的關鍵。

我試著將低筋麵粉（紫羅蘭）加水混合後存放於冰箱冷藏3天（參照右圖），會形成充滿黏性的麩質。

處理方式會使麩質改變

根據加入麵粉中的液體量，分別可以調配出適合做成麵包，帶點彈性的偏軟麵團，或是適合做成餅乾的紮實麵團，變化性非常高。

此外，麵粉種類不同，蛋白質含量也不同，使用哪一款麵粉？添加多少水分？攪拌到何種程度？都會深深影響成品（參照P.7）。

一般而言，「麩質含量多，質地會紮實有彈性」、「麩質含量少，質地會比較輕盈」。我在搭配材料與製作時，也都會特別注意這些原則。

講究Q彈口感的布列塔尼布丁蛋糕要充分攪拌後，才能達到理想的口感。但製作法式鹹蛋糕時反而不用過度攪拌，這樣就算加入起司，口感也不會太過沉重。我在書中也驗證了不同拌法對成品帶來的差異，敬請各位多加參考。

※麩質雖然會對麵團或麵糊的成品帶來差異，但副材料也會產生影響，因此書中僅針對作法帶來的成品差異進行探討。

Lesson 01

貓舌頭餅乾

Langues de chat

檸檬紅茶風味貓舌頭餅乾

Langues de chat au citron et au thé

貓舌頭餅乾的原文為法文Langue de chat，是指形狀細長，有著「貓咪舌頭」含意的餅乾。
這次我是使用Chablon烤模，將貓舌頭餅乾烤成小圓形。
只用蛋白，不用蛋黃，能讓烤出來的餅感更輕柔。
最關鍵的重點在於不要過度攪拌（避免明顯乳化）。
這樣就能享受到貓舌頭餅乾特有的酥脆與入口即化的口感。
加入檸檬皮與紅茶茶葉，讓香氣表現更突出。

材料

直徑40mm 約40片

發酵奶油……30g
糖粉……30g
蛋白……30g
檸檬皮……½小顆（1g）
紅茶茶葉（伯爵茶）
……½小匙（1g）
杏仁粉……15g
低筋麵粉（紫羅蘭）……20g

準備作業

- 奶油回溫變軟（參照P.28）

  point 奶油太硬會導致分離，太軟則是在用Chablon烤模時會使麵糊拓開來。

- 蛋白退回常溫
- 用鹽搓揉檸檬表面後洗淨，以餐巾紙擦乾水分
- 茶葉較大片時，切成碎末
- 杏仁粉、低筋麵粉分別篩過備用（參照P.28）

器具介紹

Chablon烤模
矽膠材質的貓舌頭餅乾用烤模，能讓麵糊厚度與形狀一致。有了Chablon烤模，就能輕鬆地做出相同形狀的餅乾，非常方便。沒有的話則使用擠花袋。

Silpat矽膠烤墊
在玻璃纖維施予矽膠加工的烘焙烤墊。烘烤貓舌頭餅乾這類厚度較薄的糕點時，我會使用帶重量的烘焙烤墊，避免烤箱內的風將烤墊吹翻。

[製作麵糊]

1

用橡膠刮刀將料理盆裡面的奶油拌至滑順，分2次將糖粉篩入，篩入後需充分拌勻。

point 只要用刮刀拌糖粉時不會飛散，也可以一次加入全部糖粉。不可攪拌到打發。

2

分3～4次加入蛋白，每次都要用切的方式拌勻。

point 要隨時刮掉附著在刮刀上的麵糊，因為刮刀很容易附著沒有充分拌勻的奶油。

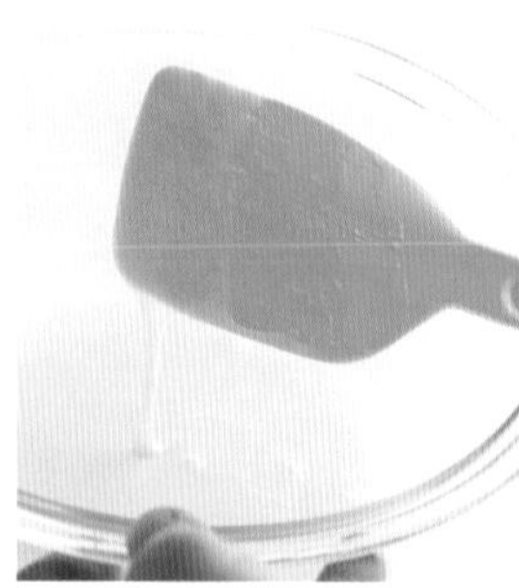

只要攪拌到看不見奶油顆粒即可。

point 要記住不用過度攪拌（避免明顯乳化）。這樣成品的口感才不會太過酥脆或太硬。若麵糊明顯乳化近似麵團時，咬的時候會感受到比較強烈的嚼勁。

point 奶油與蛋白加入粉料時若是分離狀態，那麼做出來的成品就會太過酥脆。

3

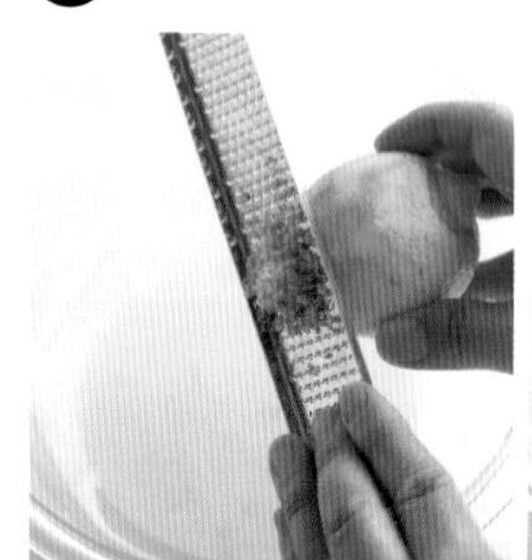

用刨刀刨入檸檬皮，並加入紅茶茶葉拌勻。

4

再次將杏仁粉邊篩邊加入❸並拌勻。

point 杏仁粉不會產生麩質（參照P.14），因此可先加入拌勻。

5

再次將低筋麵粉邊篩邊加入❹並拌勻。

point 邊篩邊加入粉料較容易分散拌勻。

[用Chablon烤模塑形]

將Chablon烤模擺在矽膠烤墊上，用抹刀在格子內填入❺的麵糊。

point **記得要填入較多的麵糊。**

用抹刀刮平。

point **原則上沒有格子的地方也要殘留薄薄一層麵糊，刮平一次即可，不要多次刮抹。**

拿高Chablon烤模，輕輕用手分開麵糊與烤模。

沒有Chablon烤模時…　可用擠花袋與花嘴擠出麵糊

❶

在稻和半紙交互畫出相距20mm與30mm間距的線條。

❷

在烤盤疊放上稻和半紙與矽膠烤墊。在擠花袋裝入10～12mm直徑的圓形花嘴，填入❺的麵糊，參考稻和半紙的線條，擠出直徑30mm的麵糊。

❸

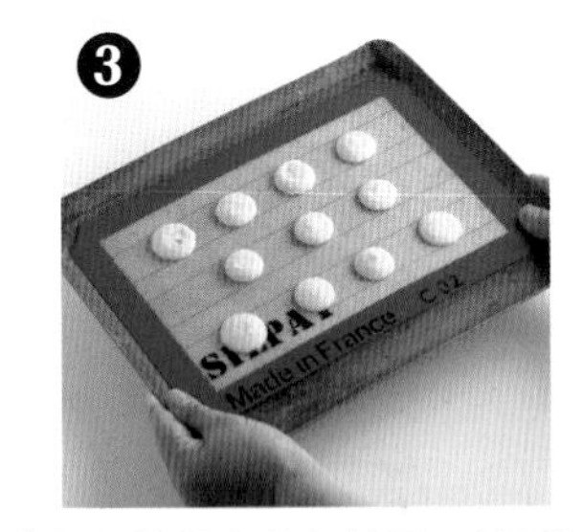

將整個烤盤在桌上敲震，敲平麵糊。接著抽掉稻和半紙。

point **用擠花袋擠的麵糊中間會比較厚，不敲平麵糊直接烘烤的話，中間會無法烤到酥脆。**

[烘烤]

❽

把❼擺上烤盤，以150℃烤箱烘烤8分半鐘，烤盤轉向後再烤2分鐘。

point **只要烘烤程度足夠，拿起烤墊時餅乾就會自然脫落**

繼續放在烤盤上直到變涼。

※放入乾燥劑密封保存，常溫約可存放3天。

驗證①

Vérification No.1

不過度攪拌（避免明顯乳化）與充分攪拌至帶有阻力（明顯乳化）的差異？

餅乾酥脆程度不同

我試著比較了製作時不過度攪拌（避免明顯乳化），以及充分攪拌至帶有阻力（明顯乳化）是否會使成品產生差異。

依照基本作法（P.16～19），將作法統一如下。

❶奶油回溫變軟（溫度為25～26℃左右）。

❷統一加入糖粉、蛋白、粉料後的攪拌次數。**拌勻蛋白的麵糊溫度約為21℃左右**。

❸為了方便驗證，不添加檸檬皮與紅茶茶葉。

用基本作法製作時，我是加了蛋白後，再將麵糊仔細切拌至看不見奶油粒。這時的麵糊並沒有讓人感覺太過緊實的手感，呈現較稀的狀態。麵糊的結合性較弱，就能享受到酥脆感。

加入蛋白後再充分攪拌的話，麵糊會集結成塊，以Chablon烤模塑形時，麵糊就會整個黏住，較不容易拓開。品嘗時也會發現缺乏酥脆感，而是稍微帶點嚼勁。

若是講究貓舌頭餅乾應有的爽脆口感，那麼建議只需稍做攪拌。

從上述結果來看，其實就會發現並非所有糕點都一定要明顯乳化。各位只要思考希望做出怎樣的成品以及何種口感，決定該乳化到什麼程度即可。

依照基本作法（P.16～19），
未過度攪拌的麵糊

充分攪拌後的麵糊

以未過度攪拌的麵糊所烤出的成品

充分攪拌後的麵糊所烤出的成品

驗證 ②

Vérification No.2

改用融化奶油的話？

餅乾會拓開來，口感稍微變硬

從P.20～21的驗證①可以得知，改變攪拌方法會讓麵糊的成品有不同口感。接著我又比較了如果使用不同狀態的奶油，會產生怎樣的差異。

依照基本作法（P.16～19），將作法統一如下。

❶ 統一加入糖粉、粉料後的攪拌次數。

❷ 為了方便驗證，不添加檸檬皮與紅茶茶葉。

維持基本作法，將糖粉加入融化奶油中的話，將會結塊且不易拌勻，因此我將作法更改成下述兩種順序（Ⅰ、Ⅱ）。

Ⅰ **杏仁粉＋糖粉→蛋白→低筋麵粉→融化奶油**

Ⅱ **杏仁粉＋糖粉→蛋白→融化奶油→低筋麵粉**

Ⅰ與Ⅱ是要用來比較影響麩質形成的油脂，在不同階段加入的差異。另外，我也驗證了麵團冰過後會有什麼差異。

A：基本麵糊（P.16～19）烤出來的餅乾，在酥脆與鬆柔的口感表現相當協調，奶油香氣濃郁。

B：用融化奶油取代軟化奶油，依照Ⅰ順序攪拌材料，接著再將常溫的麵糊放入冰箱冷藏10分鐘。烤出來的餅乾形狀最接近基本作法，但口感也最紮實。能強烈感受到砂糖的甜味以及奶油香氣。

C：用融化奶油取代軟化奶油，依照Ⅱ順序攪拌材料，麵糊未放冷藏直接烘烤。
成品會像圖片一樣，無法維持既有形狀，變得比基本作法稍微大片些，奶油香氣也略嫌不足。

D：用融化奶油取代軟化奶油，依照Ⅱ順序攪拌材料，接著再將麵糊放入冰箱冷藏10分鐘。
成品雖然能像圖片一樣維持形狀，但表面有些凹凸不平。奶油香氣略嫌不足，還有一股粉類特有的味道。

用融化奶油製作的話，可列出下述共通點。

・出爐時感覺還是服貼在矽膠烤墊上。

・表面帶光澤。

使用軟化奶油與融化奶油製作的餅乾成品無論是在口感或質地表現完全不同，就算麵糊冰過，還是無法烤出一樣的成品。

A 依照基本作法（P.16～19），
使用軟化奶油

B 使用融化奶油，依照Ⅰ順序攪拌材料，
並將麵糊放入冰箱冷藏

C 使用融化奶油，依照Ⅱ順序攪拌材料，
麵糊未放冷藏

D 使用融化奶油，依照Ⅱ順序攪拌材料，
並將麵糊放入冰箱冷藏

驗證③

Vérification No.3

維持相同配比，但使用不同低筋麵粉品牌的話？

Dolce 粉感較重，脆硬口感

特寶笠 酥脆且甜味強烈

各位是否認為「每個牌子的低筋麵粉都一樣」？
即便同為低筋麵粉，但品牌可是非常多樣，蛋白質與灰分含量也不盡相同（參照P.7）。

一般而言，低筋麵粉的蛋白質含量愈少，質地就愈細，烤出來的成品較酥脆輕盈。
灰分是指小麥外殼及胚芽所含的礦物質，據說含量愈多小麥風味就愈明顯。然而，一旦灰分過多，顯色就會變暗淡，還會使口感變差。

於是我試著比較了同為低筋麵粉，但品牌不同是否會對成品帶來差異。
統一以基本作法（P.16～19）的步驟製作。

「紫羅蘭（基本）」是專門用來製作糕點的低筋麵粉，許多專業糕點師都是用這個品牌。
成品的酥脆與鬆柔口感表現相當協調，奶油香氣濃郁。成品看起來非常漂亮。

「Dolce」是蛋白質含量相當高的低筋麵粉。與紫羅蘭相比，口感較為紮實脆硬，還會感受到強烈粉味。

「特寶笠」為麩質含量較少的低筋麵粉。與基本作法的紫羅蘭相比，口感酥脆，餘味的甜味強烈。

即便同為低筋麵粉，但比較後就會發現，除了口感外，在口中留下的餘味也不盡相同。只要掌握每款低筋麵粉（以及其他麵粉）的特性，就能知道用哪款麵粉能做出怎樣的成品，讓自己製作出更多元的糕點。

依照基本作法（P.16～19），
使用紫羅蘭低筋麵粉

使用Dolce低筋麵粉

使用特寶笠低筋麵粉

驗證④

Vérification No.4

想要製作能發揮貓舌頭餅乾口感的糕點時？

適合與酥脆口感搭配的就屬果仁糖巧克力

製作檸檬紅茶風味貓舌頭餅乾（P.16～19）時，拿掉加入紅茶茶葉的步驟，將麵糊烘烤成餅乾，並夾入果仁糖巧克力。
烤成薄片的酥脆貓舌頭餅乾與巧克力極為相搭。
在巧克力加入香濃硬脆的自製果仁糖，還能為口感表現加入點綴。

貓舌頭餅乾 果仁糖巧克力夾心

材料

約15個

◆ 貓舌頭餅乾麵糊

（50mm×45mm愛心烤模 約30片）

發酵奶油……30g
糖粉……30g
蛋白……30g
檸檬皮……½小顆（1g）
杏仁粉……15g
低筋麵粉（紫羅蘭）……20g

◆ 果仁糖巧克力

（容易製作的份量）

調溫巧克力（可可含量40%）……30g
自製果仁糖（參考下述材料）……20g

◆ 自製果仁糖（容易製作的份量）

榛果（去皮、生的）……100g
微粒子精製白糖……65g
水……50g

貓舌頭餅乾麵糊的準備作業

- 奶油回溫變軟（參照P.28）

  point 奶油太硬會導致分離，太軟則是在用Chablon烤模時會使麵糊拓開來。
- 蛋白退回常溫
- 用鹽搓揉檸檬表面後洗淨，以餐巾紙擦乾水分
- 杏仁粉、低筋麵粉分別篩過備用（參照P.28）

作法

[自製果仁糖]

1 以150℃烤箱烘烤榛果至少5分鐘。

point 熱的榛果較容易沾裹糖漿。

2 將微粒子精製白糖、水倒入鍋中，以中火加熱。燉煮至117℃，鍋子邊緣的泡泡是慢慢破掉時就可關火，並立刻將**1**熱騰騰的榛果倒入鍋中（**a**）。

point 糖漿量少，攪拌會使刮刀上的砂糖再度結晶，因此不可攪拌。

point 就算溫度沒有達到117℃，只要花點時間持續攪拌，還是能讓微粒子精製白糖結晶。

3 用刮刀攪拌讓榛果沾裹糖漿（**b**），當變白形成結晶，榛果粒粒分開（**c**）時，再以小火加熱。不斷翻動攪拌榛果，讓砂糖慢慢融化成焦糖色（**d**）。

4 關火，攤平在鋪有烘焙紙的烤墊上冷卻。

5 完全放涼後，用手稍微剝碎，再放入食物調理機打成泥狀（**e**）。

※密封冷藏約可存放1週。要先將浮油拌勻再使用。

[製作貓舌頭餅乾]

6 以檸檬紅茶風味貓舌頭餅乾的**1**～**8**步驟製作餅乾（參照P.18～19）。但無需加入紅茶茶葉，並改用心型Chablon烤模。

[製作果仁糖巧克力]

7 將巧克力放入耐熱容器，以500W微波爐加熱20～30秒融化，接著加入自製果仁糖拌勻。

point 巧克力不可過度加熱。

[夾餡]

8 將**7**的果仁糖巧克力調整至能夠擠花的硬度，在**6**的餅乾中間擠1g巧克力，蓋上另一片餅乾夾住內餡。

※放入乾燥劑密封保存，冷藏約可存放2～3天。

a

b

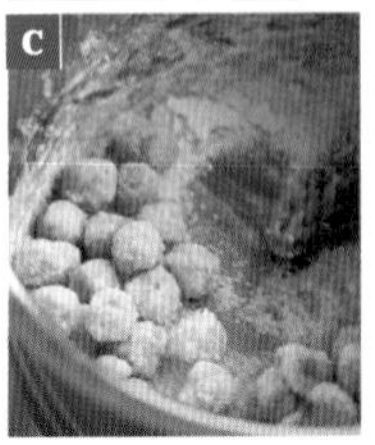
c

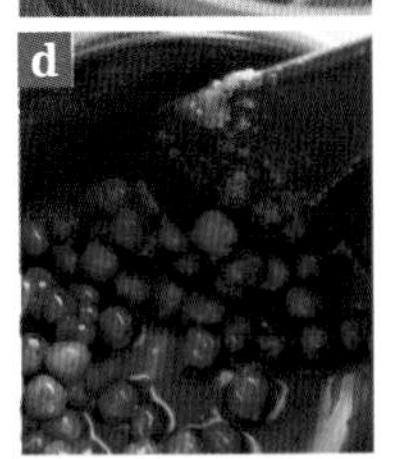
d

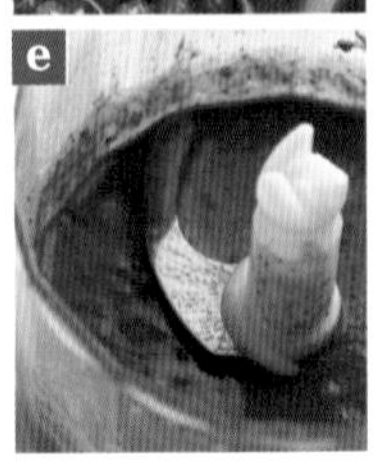
e

關於準備作業

開始製作糕點前，需要一些準備作業。
雖然各位都會覺得自己知道要怎麼做，但裡頭還是有不少學問。接著就讓我仔細解說準備的訣竅與注意事項。

測量材料

細緻糕點的材料份量差異除了會左右味道外，對口感、香氣、膨脹方式等成品表現也會有非常明顯的影響。製作過程中若是停止作業，將會改變材料的狀態，各位不妨在開始前就先量好所有需要的材料，這樣在製作時會更流暢。

篩濾粉料

篩濾麵粉、杏仁粉、糖粉等粉料。這個動作除了能篩除結塊，還能讓粉料夾帶空氣，使烤出的成品更蓬鬆。結塊就會形成麵團，因此務必篩濾粉料。將粉料加入麵糊時，建議可邊篩邊分散加入，才能均勻混合。

奶油回溫變軟

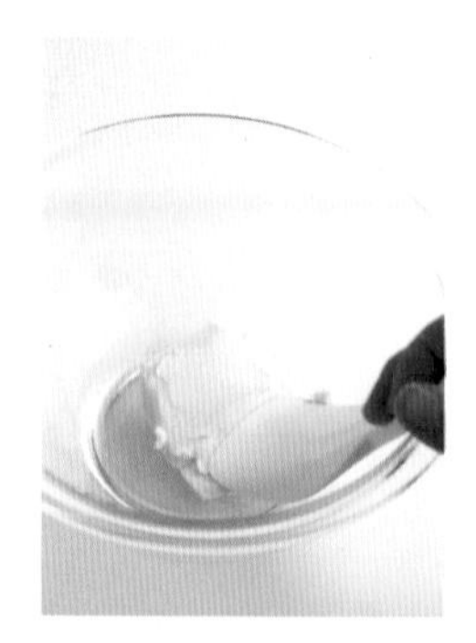

這裡說的回溫是指20～25℃。但季節不同的溫度差異甚大，各位必須多加留意。奶油回溫能讓材料更容易混合，或更容易乳化，是非常重要的步驟。用微波爐雖然快速，但融化後再放冷也無法恢復原狀，需特別注意。

冰鎮奶油

將奶油切成10mm塊狀，冰在冷藏或冷凍20分鐘左右。切塊時會變軟，因此切好後要再冰過。冰太久的話，混料時奶油粒殘留到最後，所以要注意不可冰太久。

全蛋回溫

從冰箱取出後，回溫至15～25℃需要1小時左右的時間。全蛋回溫與奶油一樣，都是為了能與其他材料充分混合，避免分離。書中的全蛋都會充分打散後再使用。

冰鎮全蛋

製作塔皮麵團時，粉料及奶油要先冰過，雞蛋也冰過的話，製作麵團時會更順手。冰太久會讓材料變得難以拌勻，因此冷藏半小時即可。書中的全蛋都會充分打散後再使用。

Lesson 02

餅乾

Cookies

餅乾

Cookies

餅乾可說是製作糕點最好入門的品項。
材料非常單純，只有奶油、砂糖、雞蛋、麵粉。
就因為單純，所以會直接表現出素材的味道，只要夠講究材料，
絕對能做出滋味豐富，不輸外面在賣的餅乾。
這裡是使用全蛋，與其他材料充分拌勻非常重要，
若要讓成品有美味的口感，就必須使用橡膠刮刀混合，而不是攪打麵團。
製作時奶油不要打發，才能充分品嘗到發酵奶油的滋味。

材料

直徑48mm 約30片

發酵奶油……100g
微粒子精製白糖……80g
全蛋……20g
中高筋麵粉（法國粉）……150g

準備作業

- 奶油回溫變軟（參照P.28）
- 全蛋打散回溫（參照P.28）
- 中高筋麵粉篩過備用（參照P.28）

[混合材料]

1

用橡膠刮刀將盆中的奶油壓開，加入所有砂糖後拌匀。

2

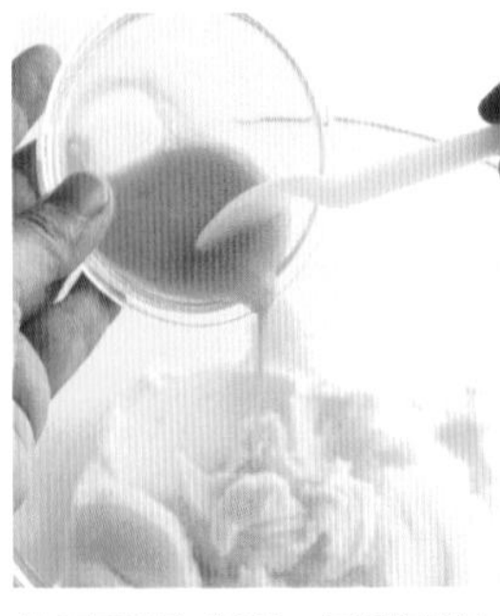

分3次加入全蛋，用刮刀以縱切方式，在每次加入蛋液後拌匀。

point 拌到開始感覺到阻力時，再加入蛋液。

3

再次將中高筋麵粉邊篩邊加入，並以切拌的方式混合材料。

point 一開始先用切拌的方式混合，讓奶油與雞蛋結塊散開，使水分分散，減少麵粉飛起。

當麵粉不再飛起後，就改從底部將麵團上翻拌匀，直到完全看不見粉末。

4

拌至開始出現小結塊時，取放至保鮮膜，捏擠按壓成塊。

point 帶有粉末的部分可往內捏壓直到變均匀。

[靜置麵團]

5

用保鮮膜包裹，靜置冰箱冷藏約半小時。

point 太過黏稠會不好製作，必須將麵團靜置成好擀開、好壓模的硬度。

[壓模成型]

6

從冰箱冷藏取出麵團，夾入Guitar Sheet塑膠片中，搭配鋁條（木條），用擀麵棍將麵團擀成5mm厚。

point Guitar Sheet是材質較厚的巧克力專用塑膠片，麵團表面較不易產生皺褶，可於烘焙材料行或網路購買。亦可用保鮮膜替代，但Guitar Sheet塑膠片能讓成品的表面更漂亮。

※麵團還沒烘烤前，用保鮮膜密封可冷凍保存2週左右。烘烤時只需和步驟❼一樣，將冷凍麵團直接壓模成型。

[塑型]

7

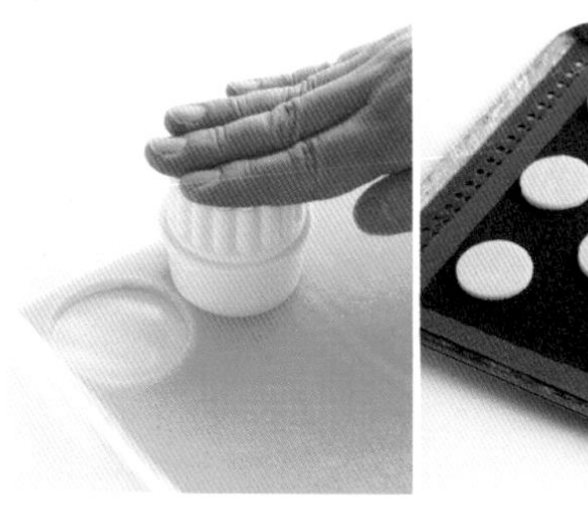

用48mm的圓形模具迅速壓模，排列於矽膠烤墊（亦可用烘焙紙）並拉開間距。將剩餘的麵團搓揉成塊，再以❻的步驟擀開、壓模成型。

point 使用Silpan矽膠烤墊（參照P.11）才能烤出口感清脆的餅乾。

[烘烤]

8

放入160℃烤箱烘烤10分鐘，烤盤轉向後再烤5分鐘。稍微放涼後再從烤墊取下。

point 烘烤程度不夠時，再補烤3分鐘左右。

※放入乾燥劑密封保存，可在陰涼處存放3天左右。

驗證①

Vérification No.1

維持相同配比，但以蛋白或蛋黃取代全蛋的話？

蛋白 口感會更紮實

蛋黃 口感會更鬆柔

餅乾的材料單純，只要奶油、砂糖、雞蛋、麵粉。我試著驗證了抽換掉雞蛋會有怎樣的差異。

製作餅乾的配方非常多樣，有的使用全蛋、有的則是只用蛋白或蛋黃。
基本作法（P.30～33）是使用20g全蛋。我維持相同份量，並將全蛋替換成蛋黃或蛋白。
依照基本作法（P.30～33），將作法統一如下。

❶為了掌握成品的邊緣狀態，統一使用方形模具。
❷烘烤前量取相同重量的麵團。

「全蛋（基本）」的成品口感酥脆，還能明顯感受到加分的粉味。

「蛋白」的成品邊緣較立挺，出爐後顏色偏白。蛋白加熱後，蛋白質凝固，使口感稍微紮實，並會存留在口中。

「蛋黃」的成品口感鬆柔，能感受到濃郁的雞蛋風味。表面凹凸不平，出爐後顏色偏黃。蛋白不含脂質，蛋黃的脂質含量約佔3成，因此口感表現較軟。

由於口感及風味表現差異甚大，因此我根據味道需求，在使用上做了下述區隔。

- **想讓成品更濃郁的話，使用蛋黃。**
- **想強調奶油風味、副材料（如可可或抹茶），或是不想讓成品太黃，使用蛋白。**
- **沒有上述需求的話，使用全蛋。**

另外，若是要夾入甘納許等內餡時，就要思考與餅乾的味道會不會衝突，與餅乾的質感是否一致等所有環節再做決定。從驗證結果來看，也可得知蛋量會影響口感。
各位可根據這些餅乾的差異，以及餅乾與味道的協調性，來思考自己想做出怎樣的餅乾，並學會如何活用雞蛋吧。

依照基本作法（P.30～33），
使用20g全蛋

使用20g蛋白

使用20g蛋黃

驗證②

Vérification No.2

維持相同材料，
改變蛋量的話？

風味、硬度及口感上
都會出現差異

我做了蛋量不同，會對餅乾帶來何種差異的比較。使用2倍全蛋量的麵團較黏稠，於是我又比較了使用4倍全蛋量的差異，以及沒添加雞蛋的話，烤出來的成品會有什麼不同。

依照基本作法（P.30～33），將作法統一如下。

● **為了掌握成品的邊緣狀態，統一使用方形模具**。

「全蛋20g（基本）」的成品口感酥脆，還能明顯感受到加分的粉味。

「2倍全蛋（40g）」的雞蛋風味會比基本作法更強烈，製作時會覺得麵團較黏稠。出爐的成品除了酥脆，口感也夠紮實，表現相當豐富，但成品會稍微拓開。

「4倍全蛋（80g）」在製作時麵團非常黏稠。出爐的成品口感除了紮實，也相當鬆柔，就像在吃小饅頭餅乾。甜味並不會很強烈，表面有些凹凸不平，成品也會稍微拓開。

「未添加雞蛋」的口感脆硬，吃得到甜味，風味簡樸。製作時不易揉成團，出爐成品的表面會凹凸不平，切面出現分層。因為沒有雞蛋，水分較少，麵團當然就較難結成塊。若各位想製作無雞蛋卻又不會太硬的餅乾，可參考厚燒奶油酥餅的作法（前著「狂熱糕點師的洋菓子研究室」P.15），增加奶油用量。

依照基本作法（P.30～33），
使用20g全蛋

使用2倍全蛋（40g）

使用4倍全蛋（80g）

未添加雞蛋

驗證③

Vérification No.3

改變砂糖量的話？

砂糖減半　**口感酥脆輕盈**

2倍砂糖　**脆硬的口感**

聽說不少人為了做比較不甜的餅乾，會自己減少砂糖用量。不過，砂糖是餅乾從無到有非常重要的材料，於是我驗證了砂糖減量以及增加砂糖時會有什麼影響。

我分別嘗試製作了微粒子精製白糖減為基本作法一半（40g）以及基本作法2倍（160g）的餅乾。

依照基本作法（P.30～33），將作法統一如下。
●為了掌握成品的邊緣狀態，統一使用方形模具。

與其他成品相比，「砂糖80g（基本）」配方的口感算是酥脆，還能明顯感受到加分的粉味。奶油、雞蛋、粉的協調表現佳。

「砂糖減半（40g）」配方烤出爐的成品形狀及大小就跟脫模時完全一樣。口感酥脆輕盈，較容易破損。隔天品嘗的話會吃到粉料與雞蛋的味道。

「2倍砂糖（160g）」的成品表面凹凸不平，入口瞬間就能感受到紮實硬度，口感表現脆硬。

根據上述驗證結果，砂糖減量會改變餅乾口感，除非有要加入巧克力豆等副材料，我才會考慮減少砂糖量。各位在減少用量時，不妨記住這個原則。若要考量整體的協調性，建議可使用苦味巧克力，並加入少許的鹽，讓味道更一致。另外，若是加入可可粉或抹茶粉，麵團會變得乾硬，這也使麵團的結合性稍微變差，增加砂糖會是解決的方法之一。

敬請各位參考本篇內容，評估在追求理想口感與風味的同時，砂糖量能加減到什麼程度。

依照基本作法（P.30～33），
使用80g砂糖

砂糖減半（40g）

2倍砂糖（160g）

驗證④

Vérification No.4

添加泡打粉或小蘇打粉的話？

質地改變。成品會拓開且稍微膨脹

泡打粉（BP）或小蘇打粉都是會在烘焙麵包或糕點時的膨脹劑，藉由碳酸氣體的力量，讓麵團膨脹。泡打粉是在小蘇打粉加入玉米粉等添加物。一般認為，使用小蘇打粉的話，麵團會變黃，還會帶有一股特殊味道。

換句話說，小蘇打粉純度較高，而泡打粉所含的碳酸氫鈉量較低。基本上兩者都常被用來讓麵團變蓬鬆膨脹，製作餅乾時也經常會用到。為了能更加品嘗到奶油與雞蛋香氣，基本作法未添加泡打粉或小蘇打粉。

依照基本作法（P.30～33），將作法統一如下。

- **為了掌握成品的邊緣狀態，統一使用方形模具。**
- **泡打粉或小蘇打粉都必須在準備作業時，就先與低筋麵粉一起篩濾。**
- **添加「泡打粉」是在基本作法的配方中加入4.6g泡打粉（27.4%碳酸氫鈉，用量為麵粉的3%）。這次為了進行驗證，因此使用了比廠商建議量更多的泡打粉。**
- **添加「小蘇打粉」是在基本作法的配方中加入1.3g小蘇打粉（100%碳酸氫鈉，用量為麵粉的0.86%）。這是等同上述泡打粉與碳酸氫鈉比例所計算出的用量。**

無論是添加「泡打粉」或「小蘇打粉」，出爐的成品顏色並無太大差異，但與基本作法相比，邊緣較塌，表面也會稍微膨脹。兩者的口感都很酥脆，但分別帶有獨特氣味。餅乾原本該有的粉味及奶油風味感覺變淡許多，添加「泡打粉」的成品甚至帶有些許酸味。隔天之後再品嘗會感受到更強烈的特殊氣味及酸味。

一般認為，加了小蘇打粉會讓成品往側邊膨脹，泡打粉則是往上膨脹，但這次的餅乾配方無法看出其中差異。

此外，每個泡打粉品牌的碳酸氫鈉等成分含量不同，這都可能讓成品產生差異。

依照基本作法（P.30～33），
未添加泡打粉或小蘇打粉

添加泡打粉

添加小蘇打粉

驗證⑤

Vérification No.5

製作時將奶油打發的話？

成品變得酥脆輕盈，奶油風味稍微變淡

我在前著「狂熱糕點師的洋菓子研究室」的奶油蛋糕驗證①（P.52）中將奶油打發，卻發現會削弱奶油的風味。若換成製作餅乾，又會有怎樣的差異呢？

作法如下。

❶奶油回溫變軟。

❷將所有微粒子精製白糖加入放軟的奶油中，以打蛋器充分磨拌到稍微變白。

❸分3～4次加入全蛋，每次加入後都要用打蛋器充分拌入空氣，並打發至稍微變白。

之後的步驟則參照基本作法（P.30～33）。

基本作法未打發奶油，因此能直接感受到奶油風味。

打發奶油的話會充分拌入空氣，成品變得酥脆輕盈。

打發奶油的餅乾口感會比基本作法的成品更輕，粉味更強烈，但奶油的表現也相對薄弱。

這麼看來，打發奶油應該是不用太在意與粉類有無完全拌勻，就能讓成品酥脆最快速的方法。就算不是發酵奶油，還是帶有沉穩香氣，因此並不用刻意選用發酵奶油。另外，若想更突顯抹茶或可可的香氣，打發奶油讓成品變輕盈也是非常有效的方法。

若特地選用發酵奶油，我反而推薦不打發奶油的基本作法，這樣才能充分發揮奶油香氣。

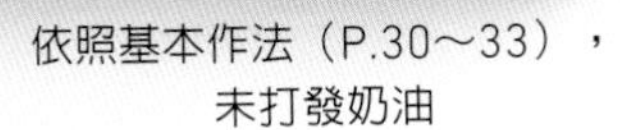

依照基本作法（P.30～33），
未打發奶油

打發奶油

驗證⑥

Vérification No.6

用蛋黃適合製作哪些餅乾？

能夠享受到密實口感的布列塔尼酥餅

布列塔尼酥餅有著美味的脆硬口感，是發酵奶油的風味濃厚，雞蛋表現柔和，且帶有微鹹滋味的厚片餅乾。
布列塔尼酥餅是法國布列塔尼相當受喜愛的烘烤糕點，當地的酪農業興盛，因此自古來都是用在地生產的乳製品及名產葛宏德鹽為材料製成。
正宗的布列塔尼酥餅多半會使用有鹽奶油，但我選擇以無鹽的發酵奶油加鹽，調整成自己喜愛的鹹味。

布列塔尼酥餅

材料

直徑55mm 8個

發酵奶油……100g
微粒子精製白糖……45g
鹽（葛宏德產）……0.8g
柳橙皮……1小顆（1.5g）
香草油……適量
蛋黃……16g
鮮奶油（乳脂含量36%）……5g
杏仁粉……55g
中高筋麵粉（法國粉）……100g

準備作業

- 奶油回溫變軟（參照P.28）
- 用鹽搓揉柳橙表面後洗淨，以餐巾紙擦乾水分
- 杏仁粉、中高筋麵粉分別篩過備用（參照P.28）

作法

1 在已放入奶油的料理盆中倒入微粒子精製白糖、鹽，用橡膠刮刀混合。用刨刀刨入檸檬皮拌勻，接著再加入香草油混合。

2 分2次加入蛋黃，每次都要充分混合。接著加入鮮奶油，再以橡膠刮刀拌勻。

3 再次將杏仁粉邊篩邊加入並拌勻。

point **杏仁粉不會產生麩質（參照P.14），因此可先加入拌勻。**

4 再次將中高筋麵粉邊篩邊加入，拌勻直到完全看不見粉末。

5 取放至保鮮膜，捏擠按壓成塊。用保鮮膜包裹，靜置冰箱冷藏1～2小時（盡可能冰一晚）。

6 用擀麵棍輕敲麵團，調整硬度。夾入Guitar Sheet塑膠片（參照P.33）中，搭配鋁條（木條），用擀麵棍將麵團擀成15mm厚，並靜置冷凍3～4小時以上（盡可能冰一晚）。

※麵團還沒烘烤前，用保鮮膜密封可冷凍保存2週左右。烘烤時只需和步驟**7**一樣，將冷凍麵團直接壓模成型。

7 用直徑50mm的環狀模迅速壓模，排列於矽膠烤墊（參照P.11）並拉開間距。將剩餘的麵團搓揉成塊，以**6**的步驟擀開，冷凍後再壓模成型。

point **使用Silpan矽膠烤墊才能烤出口感爽脆的成品。**

8 用毛刷塗上薄薄一層蛋黃（分量外），放入冰箱冷藏半小時使其乾燥。變乾後，再塗一次蛋黃。

point **蛋黃不可塗太厚，否則品嘗時會明顯吃出一層蛋的感覺。**

9 用叉子在表面畫線，以直徑55mm的環狀模框住麵團（**a**）。

point **叉子要夠尖且寬度一致。**

point **沒用環狀模框住的話，烘烤時麵團會拓開，出爐時成品也會膨脹，因此一定要用大一圈的環狀模框住。**

10 將**9**連同烤盤擺在另一塊烤盤上（重疊2塊烤盤），放入160℃烤箱烘烤10分鐘，烤盤轉向後再烤7分鐘。

point **烘烤時間較長，因此以重疊2塊烤盤的方式降低熱度。**

11 稍微轉動環狀模脫模（無法脫模時，再補烤5分鐘左右），在餅乾上鋪放烘焙紙，並擺上烤盤輕壓（**b**）。

point **若酥餅膨脹，可用烤盤稍微按壓，讓表面變平整。**

12 放入降溫至140℃的烤箱烘烤10分鐘，烤盤轉向後再烤10分鐘。稍微放涼後再輕輕拿起。

point **用手從下方托住矽膠烤墊，會較容易推起酥餅。**

※放入乾燥劑密封保存，常溫約可存放3天。

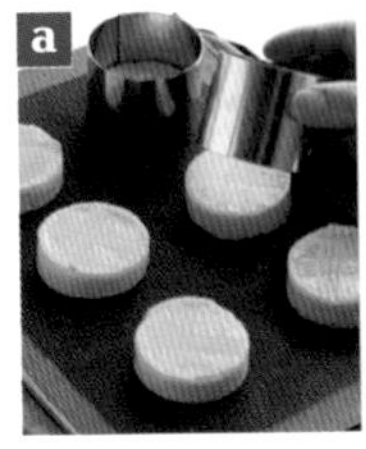
a

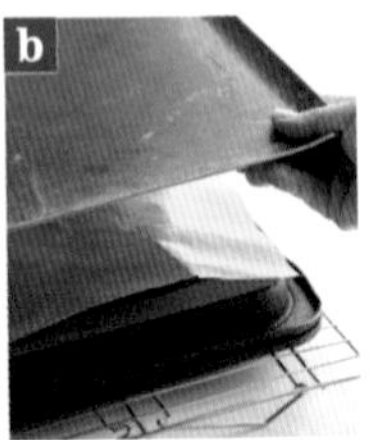
b

驗證⑦

Vérification No.7

只用蛋白的話能做出哪些美味餅乾？

在口感酥脆的餅乾中夾入濃郁焦糖

「酥餅（Sablé）」在法文是指「沙子」，將餅乾烤得很薄，就能更加享受到入口即化的鬆柔口感。

這種餅乾直接吃就很美味，但由於味道樸實清爽，與濃郁的焦糖搭配後，還能化身為層次更高的甜點。使用有鹽奶油的話，焦糖的鹽味能讓整體味道更一致。為了保留住酥脆口感，還要在酥餅塗上隔離濕氣的巧克力，這也是製作這項餅乾時非常重要的步驟。

焦糖夾心餅乾

材料

直徑48mm 約22塊

◆ 酥餅麵團
（直徑48mm 45片）

發酵奶油……100g
糖粉……40g
鹽……0.4g
蛋白……12g
杏仁粉……60g
中高筋麵粉（法國粉）……110g

◆ 焦糖醬
（容易製作的份量）

微粒子精製白糖……60g
鮮奶油（乳脂含量36%）……100g
有鹽奶油……30g

◆ 隔離濕氣用巧克力
（容易製作的份量）

覆淋用巧克力……50g
調溫巧克力（可可含量55%）……20g

酥餅麵團的準備作業

- 奶油回溫變軟（參照P.28）
- 蛋白退回常溫（參照P.28）
- 杏仁粉、中高筋麵粉分別篩過備用（參照P.28）

作法

[製作酥餅麵團]

1 在已放入奶油的料理盆中倒入所有糖粉，用橡膠刮刀混合。

2 加鹽拌勻。

3 逐次加入少量蛋白，每次都要用刮刀充分混合。

4 再次將杏仁粉邊篩邊加入並拌勻。

point 杏仁粉不會產生麩質（參照P.14），因此可先加入拌勻。

5 再次將中高筋麵粉邊篩邊加入並拌勻。

6 用保鮮膜包裹，靜置冰箱冷藏半小時～1小時。

7 夾入Guitar Sheet塑膠片（參照P.33）中間，搭配鋁條（木條），用擀麵棍將麵團擀成2mm厚，並靜置冷凍2～3小時以上（盡可能冰一晚）。

※麵團還沒烘烤前，用保鮮膜密封可冷凍保存2週左右。烘烤時只需和步驟**8**一樣，將冷凍麵團直接壓模成型。

8 用直徑48mm的圓形模具迅速壓模，排列於矽膠烤墊（參照P.11）並拉開間距。將剩餘的麵團搓揉成塊，冷凍後再壓模成型。

point 使用Silpan矽膠烤墊才能烤出口感清脆的成品。

9 放入160℃烤箱烘烤8分鐘，稍微放涼後再從烤墊拿起。

[製作焦糖醬]

10 將微粒子精製白糖倒入鍋中加熱，開始融化時，不斷搖晃鍋子，讓所有的糖融化。加熱烘燒至變成焦糖色，這時不可攪拌。

point 糖量較少，攪拌會使刮刀上的砂糖再度結晶，因此不可攪拌。

11 關火，一口氣倒入加熱至飄出熱氣的鮮奶油，用打蛋器充分拌勻。以刮刀刮出鍋底確認焦糖狀態，要濃稠到刮開後，焦糖是慢慢地蓋住鍋底（**a**）。

point 用微波爐加熱鮮奶油時，可用較大的料理盆，避免加入鮮奶油時被熱氣燙傷。

12 加入奶油充分拌勻，將料理盆放至冷卻。大約是圖片中的稠度（**b**）。若焦糖比圖片稀，就必須再以中火加熱，調整稠度。

[融化隔離濕氣用巧克力]

13 將覆淋用巧克力與調溫巧克力放入料理盆隔水加熱融解，並用刮刀拌勻。

[夾餡]

14 在放冷的**9**酥餅內側，以毛刷塗抹**13**隔離濕氣用的巧克力後，放置變乾。

point 焦糖直接接觸酥餅容易受潮，因此中間需用巧克力隔開。

15 用擠花袋或擠花紙，在**14**的酥餅擠入**12**的焦糖醬，接著疊上另一片酥餅輕輕按壓（每塊酥餅大約擠2g焦糖醬）。

※放入乾燥劑密封保存，冷藏約可存放2～3天。建議從冷藏取出片刻後再品嘗。

a

b
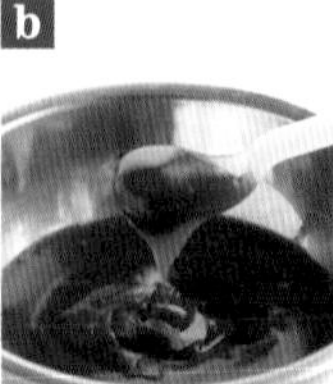

驗證⑧

Vérification No.8

有沒有幾乎不用砂糖
就能製作的美味餅乾？

想要品嘗到極脆口感的
起司酥餅
關鍵在於雞蛋要最後加入

製作時若減少砂糖量，成品口感會更脆。若想要入口即化的鬆脆口感，那麼就要像杏仁塔（P.55）的塔皮一樣，最後再加入雞蛋，這樣才能避免過度乳化。

要不要來點口感輕盈，吃起來就像零嘴一樣，與葡萄酒或啤酒非常相搭的起司酥餅呢？起司酥餅的味道關鍵在於起司，因此務必選用美味的起司。起司含鹽量也會影響味道及鹹度，敬請各位找出自己喜愛的風味。若要讓鹹味的表現更加協調，就必須稍微加些精製白糖。

起司酥餅

材料

10mm×10mm×長70mm 28條

中高筋麵粉（法國粉）	100g	微粒子精製白糖	1.5g
杏仁粉	50g	胡椒	適量
發酵奶油	80g	奧勒岡葉	1小匙
帕馬森乾酪磨粉	20g	乾燥羅勒	1小匙
鹽	1.5g	全蛋	20g
		黑胡椒（裝飾用）	適量

準備作業

- 中高筋麵粉與杏仁粉一同篩過備用（參照P.28），置於冰箱冷凍半小時～1小時
- 奶油切成10mm塊狀，置於冰箱冷凍約20分鐘（參照P.28，注意不可冰到硬梆梆）

  point 若冰到硬梆梆，那麼混勻奶油與粉料就會花費許多時間，導致奶油軟掉。奶油切塊時會變軟，因此切好之後要再冷凍（使用食物調理機的話則是冷藏。食物調理機的切力較強，奶油冷凍的話會無法完全混合，容易殘留細顆粒）。

  point 奶油或粉料太冰的話，混合時奶油顆粒會殘留到最後，因此奶油與粉料都不能太冰。
- 全蛋打散後冰過備用（參照P.28）

作法

1. 將冰過的粉料、奶油、起司、鹽、精製白糖、胡椒、香草類全部放入桌上型攪拌機（食物料理機亦可），打到看不見奶油顆粒。整個顏色會稍微偏黃，就像杏仁粉的顏色。
2. 一口氣倒入全蛋，攪拌至整體出現大結塊狀。

   point 若攪拌到整個結成一塊，桌上型攪拌機的馬達負載會過大。
3. 取放至保鮮膜，用手捏成方塊後，壓平並包裹保鮮膜。

   point 作業要迅速，避免奶油融化。這時若沒有確實捏成塊，接下來擀開時就會龜裂。
4. 靜置冰箱冷藏半小時～1小時。
5. 夾入Guitar Sheet塑膠片（參照P.33）中間，搭配鋁條（木條），用擀麵棍將麵團擀成10mm厚，並靜置冷藏1～2小時。

※麵團還沒烘烤前，用保鮮膜密封可冷凍保存2週左右。烘烤時只需和步驟**6**一樣切塊取用。

6. 切成10mm寬、70mm長的條狀，排列於矽膠烤墊（參照P.11）並拉開間距。
7. 用刷毛在表面塗抹全蛋液（分量外），撒點胡椒。放入160℃烤箱烘烤12分鐘，烤盤轉向後再烤3分鐘。

※放入乾燥劑密封保存，常溫約可存放3天。

驗證⑨

Vérification No.9

用鮮奶取代雞蛋製作餅乾的話？

就要選擇能讓成品口感脆硬美味的全麥粉

不使用雞蛋，以鮮奶作為水分將麵團揉成塊。加點鹽讓味道更收斂，鮮奶能讓麵團變輕盈，再利用脫脂奶粉掩蓋全麥粉的特殊味道，同時提升奶味。
雖然添加了泡打粉，但幾乎感受不到其特殊味道，這全要多虧了全麥粉與脫脂奶粉的強烈氣味。
除此之外，有著絕佳咖啡風味的甘納許與全麥粉餅乾也是極為相搭。無論咖啡或全麥粉都滿是香氣，並襯托著彼此。

全麥粉甘納許夾心餅乾

材料

直徑48mm 約22塊

◆ 酥餅麵團
（直徑48mm 菊花型44片）

發酵奶油……100g
Cassonade蔗糖
（參照P.8）……60g
鹽（葛宏德產）……0.4g
鮮奶……60g
低筋麵粉（紫羅蘭）
……90g
全麥粉（Kitahonami）
……90g
泡打粉……3g
脫脂奶粉……14g

◆ 咖啡甘納許
（容易製作的份量）

調溫巧克力
（可可含量56%）……40g
調溫巧克力
（可可含量40%）……90g
鮮奶油（乳脂含量36%）
……90g
轉化糖……10g
即溶咖啡……1.5g
奶油……35g

point 轉化糖屬膏狀砂糖，能讓甘納許的狀態更穩定。

酥餅麵團的準備作業

- 奶油回溫變軟（參照P.28）
- 鮮奶回溫至接近肌膚溫度

  point 這樣較容易與奶油混勻。
- 低筋麵粉、全麥粉、泡打粉一同篩過備用（參照P.28）

作法

[製作咖啡甘納許]

1 將兩種巧克力放入耐熱的攪拌棒專用杯中，以500W微波爐加熱30秒、20秒、10秒，逐漸縮短加熱時間，融化一半以上的巧克力。

2 將鮮奶油、轉化糖、即溶咖啡全部倒入耐熱料理盆，以500W微波爐加熱至飄出熱氣。倒入**1**，用攪拌棒混合乳化，直到出現如圖片中的光澤（**a**）。

3 溫度降至35℃左右時，加入奶油拌勻。接著倒入舖有烘焙紙的20cm方形模（方形盆亦可）攤平，厚度約4～5mm（**b**）。放入冰箱冷凍靜置一晚，變硬後，用直徑38mm的環狀模壓模。

[製作酥餅麵團]

4 用橡膠刮刀將料理盆中的奶油拌至滑順，一次加入所有的Cassonade蔗糖，用刮刀混合，接著加鹽拌勻。

point 拌勻時不可打發，打發會夾帶太多空氣，使成品太脆（參照P.42～43）。

5 分10次左右加入鮮奶，每次都要充分混合。

6 將篩過的粉料與脫脂奶粉一同加入**5**拌勻成塊狀。取放至保鮮膜壓平包裹，靜置冰箱冷藏約半小時，會較好進行後續作業。

point 脫脂奶粉容易結塊，使用前再與粉料混合即可。

7 從冰箱冷藏取出麵團，夾入Guitar Sheet塑膠片（參照P.33）中，搭配鋁條（木條），用擀麵棍將麵團擀成3～4mm厚，並靜置冷凍3～4小時（盡可能冰一晚）。

※麵團還沒烘烤前，用保鮮膜密封可冷凍保存2週左右。烘烤時只需和步驟**8**一樣，將冷凍麵團直接壓模成型。

8 用直徑48mm的菊花型模具迅速壓模，排列於矽膠烤墊（參照P.11）並拉開間距。

point 從冷凍取出時雖然較硬，但注意壓模要迅速，否則會變太軟。

9 放入160℃烤箱烘烤8分鐘，烤盤轉向後再烤4分鐘。稍微放涼後再從烤墊取下。

[夾餡]

10 在放涼的**9**酥餅擺上壓模成型的**3**甘納許，疊上另一片酥餅輕輕按壓，接著放入冰箱冷藏使酥餅與夾餡貼合。

※放入乾燥劑密封保存，冷藏約可存放2天左右。建議從冷藏取出片刻後再品嘗。

a

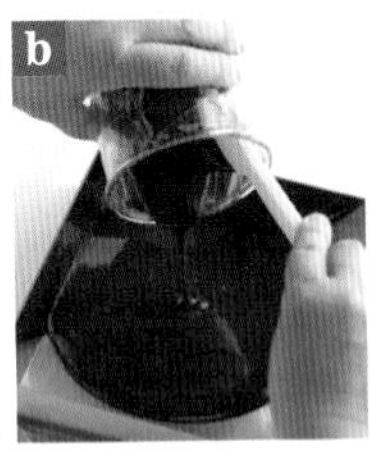
b

驗證⑩

Vérification No.10

用鮮奶取代雞蛋的話？

能感受到牛奶的風味與甜味

製作P.50～51的全麥粉甘納許夾心餅乾時未使用雞蛋。
要讓麵團能夠結塊，關鍵在於添加鮮奶。
於是我試著驗證了如果用鮮奶取代全蛋（20g），會烤出怎樣的成品。

依照基本作法（P.30～33），將作法統一如下，並將20g全蛋替換成20g鮮奶。

鮮奶不易與奶油混勻，因此奶油必須比平常更軟，才能順利拌勻。步驟和使用全蛋時一樣，混合時要用切的方式拌開奶油顆粒，讓鮮奶分散於奶油中。麵團會變得濃稠，可先用保鮮膜包裹靜置再擀開，成品才會漂亮。

用「鮮奶」的成品充滿奶味，且甜味明顯。咀嚼時，則是能感受到嚼勁的硬度。從切面能看出存在氣泡。

餅乾成品給人的印象頗為樸實，非常適合像全麥粉甘納許夾心餅乾（P.50～51）一樣，加工成能品嘗到粉味的簡單滋味。另外，比起使用巧克力夾餡，柑橘類的果皮會更相搭。

依照基本作法（P.30～33），
使用20g全蛋

用20g鮮奶取代雞蛋

Lesson 03

杏仁塔

Tartelettes aux

杏仁塔

Tartelettes aux amandes

能充分品嘗到香氣的純樸甜點塔。
杏仁奶油餡經充分乳化後，
還能享受到滑順口感與十足的風味。
塔皮麵團除了使用有杏仁外，
更加入了小麥的輕盈及奶油香氣，與內餡極為相搭。
現烤出爐的滋味不在話下，放涼之後品嘗亦是美味。

材料

直徑80mm Silform塔皮烤模 10顆

◆ 塔皮麵團

中高筋麵粉（法國粉）……100g
杏仁粉……45g
糖粉……45g
發酵奶油……60g
全蛋……20g

◆ 杏仁奶油餡

發酵奶油……75g
微粒子精製白糖……75g
全蛋……75g
杏仁粉……75g
萊姆酒……8g

◆ 裝飾用

杏仁片……適量

塔皮麵團的準備作業

- 中高筋麵粉、杏仁粉、糖粉一同篩過備用（參照P.28），置於冰箱冷凍半小時～1小時。
- 奶油切成10mm塊狀，置於冰箱冷凍約20分鐘（參照P.28，注意不可冰到硬梆梆）

  point 奶油或粉料太冰的話，混合時奶油顆粒會殘留到最後，因此奶油與粉料都不能太冰。
- 全蛋打散後冰過備用（參照P.28）

杏仁奶油餡的準備作業

- 奶油回溫變軟（參照P.28）

  point 這時若沒有充分回溫變軟，之後就會很難與雞蛋拌勻。
- 全蛋打散回溫（參照P.28）

  point 雞蛋太冰會造成分離。
- 杏仁粉篩過備用（參照P.28）

器具介紹

Silform塔皮烤模

材質為矽膠與玻璃纖維，使用方便且耐久性佳。無需抹油，就能輕鬆脫模。

[製作麵團]

❶

將冰過的粉料與奶油放入桌上型攪拌機（食物料理機亦可），打到看不見奶油顆粒。

❷

一口氣倒入全蛋，攪拌至整體出現大結塊狀。

❸

取放至攤開的保鮮膜上，用手捏成塊。

point 作業要迅速，避免奶油融化。這時若沒有確實捏成塊，接下來擀開時就會龜裂。

捏圓後壓平，並包裹保鮮膜。

[靜置]

靜置冷凍3～4小時（盡可能冰一晚）。

[塑型]

❺

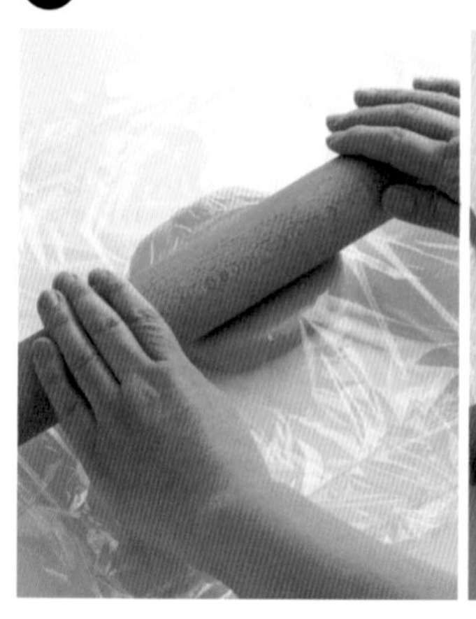

直接蓋著保鮮膜，搭配鋁條（木條），用擀麵棍將麵團擀成3mm厚，接著放入冰箱冷藏備用。

［製作杏仁奶油餡］

6

在裝有奶油的料理盆中倒入全部的微粒子精製白糖，用橡膠刮刀充分拌勻。

7

逐次於❻加入1小匙（6～7g）全蛋，每次都要拌勻。

point 一開始先用切拌的方式混合，等蛋液混合後，再充分攪拌至餡料變濃稠。

point 若蛋液溫度變低，將可能造成分離，因此必須將蛋液放在溫熱的濕抹布上保溫。

什麼是分離狀態

一旦出現像圖片中的分離狀態，就算後續加入粉料看似能夠恢復正常，但實際上並未乳化，接著經過烘烤會使油脂浮出，無法擁有充分乳化過的滑順口感。

再次將杏仁粉邊篩邊加入❼，拌勻直到完全看不見粉末。

加入萊姆酒拌勻，覆蓋保鮮膜，靜置冰箱冷藏一晚。

用橡膠刮刀將❾拌至滑順。填入裝有10～12mm圓形花嘴的擠花袋。

[壓模]

用直徑80mm菊花型模具壓取麵團，鋪入Sil-form塔皮烤模。

[擠入杏仁奶油餡]

⑫

在每塊塔皮麵團中擠入30g的⑩杏仁奶油餡。

撒入杏仁片。

[烘烤]

放入預熱至160℃的烤箱烘烤15分鐘左右，烤盤轉向後再烤8分鐘，確實烤出顏色（合計23～25分鐘）。

point 使用Silform塔皮烤模時，只要搭配不同大小的壓模，就能烤出自己想要的塔皮尺寸。這時杏仁奶油餡的用量及烘烤時間就要跟著調整。

※出爐當天非常美味。密封保存於陰涼處約可存放2天。

驗證①

Vérification No.1

不過度攪拌杏仁奶油餡（避免明顯乳化）的話？

油脂表現會有差異。時間所帶來的變化非常顯著。

針對乳化非常重要的杏仁奶油餡，我試著比較了不過度攪拌（避免明顯乳化）的話，烤出的成品是否會有差異。

依照基本作法（P.57～59），將作法統一如下。

❶混合奶油與全蛋時，兩者的溫度皆為24℃左右。
❷皆靜置冰箱冷藏一晚，回溫後再烘烤。22～23℃。
❸為了方便驗證，不添加萊姆酒，也不撒杏仁片。
❹塔皮麵團作法同基本作法（P.56），每顆重量約21g。
❺每塊塔皮麵團分別擠入30g的杏仁奶油餡。

依照基本作法（P.57～58）充分攪拌（明顯乳化）製成的杏仁奶油餡，是逐次在奶油中加入1小匙（6～7g）全蛋，每次都要攪拌到出現阻力，使餡料確實乳化。
奶油及杏仁的風味表現協調，與塔皮更是融合為一，餘味極佳。

未充分混合攪拌的杏仁奶油餡，同樣是逐次在奶油中加入1小匙（6～7g）全蛋，但每次都不可過度攪拌，餡料要呈鬆滑狀態。
這時的餡料有著明顯的蛋黃顏色，感覺較不滑順，靜置過後也沒有改變。品嘗時，餡料的甜味表現較弱，奶油風味強烈厚重。隔天則會發現明顯的奶油油漬。一旦乳化不完全，就會滲出油脂。

若要像杏仁奶油餡一樣，能搭配奶油與杏仁風味濃郁的塔皮，那麼確實攪拌、充分乳化就非常重要，這不僅能讓特地選用的發酵奶油風味得以發揮，還能與塔皮呈現出絕佳搭配性。
然而，若要烘烤焦糖蘋果塔（P.66～68）等，這類使用有水分較多的水果塔時，水果的水分會轉移到杏仁奶油餡，一旦水分分離，就會明顯變得黏稠，因此讓杏仁奶油餡充分乳化非常重要。

依照基本作法（P.57～58），
充分混合攪拌的杏仁奶油餡

填入充分混合攪拌的
杏仁奶油餡後
所烤出的成品

未充分混合攪拌的
杏仁奶油餡

填入未充分混合攪拌的
杏仁奶油餡後
所烤出的成品

驗證②

Vérification No.2

製作杏仁奶油餡時，將奶油打發的話？

容易膨脹，奶油風味薄弱

製作杏仁奶油餡時，我是依照基本作法（P.57～58），奶油回溫變軟後，加入微粒子精製白糖，再以橡膠刮刀拌勻。
若奶油先用打蛋器打發，又會有怎樣的差異呢？

依照基本作法（P.54～59），將作法統一如下。

❶ **混合奶油與全蛋時，兩者的溫度皆為24℃左右。**
❷ **皆靜置冰箱冷藏一晚，回溫後再烘烤。22～23℃。**
❸ **用橡膠刮刀拌勻粉料，次數也要統一。**
❹ **為了方便驗證，不添加萊姆酒，也不撒杏仁片。**
❺ **塔皮麵團作法同基本作法（P.56），每顆重量約21g。**
❻ **每塊塔皮麵團分別擠入30g的杏仁奶油餡。**

奶油放軟製成的基本杏仁奶油餡（P.57～58）在奶油及杏仁的風味表現協調，與塔皮更是融合為一，餘味極佳，同時較沒有油脂的黏膩感。

用打發的奶油製作杏仁奶油餡時，是逐次在奶油中加入1小匙（6～7g）全蛋，每次都要用打蛋器攪拌到出現阻力，使餡料確實乳化。
打蛋器攪拌過程會將空氣拌入奶油中，因此手感反而會變輕。烤出爐的成品表面雖然明顯膨脹，卻帶有粗糙的顆粒感。品嘗時奶油風味似乎較薄弱，沒有想像中輕盈，但也較無油脂的黏膩感。
若擔心分離而過度攪拌，可能還是會因摩擦生熱導致分離。

或許不少人都認為，只要拌一拌就能做好杏仁奶油餡，但其實這種餡料本身非常細緻，作法上的差異會讓油分的呈現完全不同。與打蛋器相比，我個人較推薦橡膠刮刀，因為使用起來更能感受到攪拌時的手感。用打蛋器的話只會不斷拌入空氣，反而變得較難掌握手感。

依照基本作法（P.54～59），
用橡膠刮刀拌勻的成品

將奶油打發的成品

驗證③

Vérification No.3

維持製作杏仁奶油餡的相同配比，但改變材料加入順序的話？

雞蛋留到最後加入時，成品蛋味強烈且變得黏稠

基本作法（P.57～58）是依照「軟化奶油→精製白糖→全蛋→杏仁粉」的順序攪拌，我試著驗證了改變順序的話，會對乳化帶來怎樣的影響。

依照基本作法（P.54～59），將作法統一如下。

1. **靜置冰箱冷藏一晚，回溫後再烘烤。22～23℃。**
2. **為了方便驗證，不添加萊姆酒，也不撒杏仁片。**
3. **塔皮麵團作法同基本作法（P.56），每顆重量約21g。**
4. **每塊塔皮麵團分別擠入30g的杏仁奶油餡。**

改變順序，將雞蛋留到最後加入的塔皮作法如下。

1. **依照「軟化奶油→微粒子精製白糖→杏仁粉→全蛋」的順序加入並攪拌。**
2. **加入杏仁粉後，攪拌約20次，接著逐次加入1小匙（6～7g）全蛋，每次都要用刮刀拌勻。**

基本作法的杏仁奶油餡（P.57～58）是先讓奶油與全蛋乳化後，再加入杏仁粉。

把雞蛋留到最後再加入的杏仁奶油餡會先加杏仁粉之後才加入全蛋，因此奶油與雞蛋無法充分乳化。
成品的口感大致上比基本作法更鬆滑，品嘗時蛋味強烈，甜味表現較淡，就像是紅豆餡的軟度，杏仁奶油餡與塔皮的硬度差異顯著，導致整體協調性不佳，這些應該都是乳化不完全所導致。

充分攪拌讓奶油與全蛋乳化，油脂與水分就能充分結合，如此一來便能做出發酵奶油風味十足的滑順餡醬。

透過驗證可以得知，乳化除了材料的拌法很重要外，添加的順序也是關鍵。

依照基本作法（P.54～59）的順序
添加材料，拌勻製成的成品

雞蛋留到最後拌入的成品

驗證④

Vérification No.4

若要使用
水分較多的餡料時？

搭配更紮實的塔皮，
讓成品表現協調

蘋果所含的水分容易讓塔皮變得濕潤，因此與基本杏仁塔相比，必須減少杏仁粉、增加中高筋麵粉，製作更紮實的塔皮。

由於塔皮結構密實，就算過段時間還是能維持口感，較不會影響風味。

蘋果與焦糖的組合雖然常見，但選用紅玉蘋果的話，不僅能嘗到酸味，還能以稍微加強蘋果白蘭地（Calvados）風味、降低甜味的方式，讓成品表現更成熟。焦糖加熱到帶有明顯顏色，能夠感受到些微苦味也是整體呈現的重點。

果凍膠則是使用浸泡過的蘋果，成了道能夠感受到十足果香的食譜。

杏仁奶油餡則是加入了酸奶油增添酸味，與焦糖的甜味搭配得宜。

若是到了紅玉蘋果的產季，非常推薦各位製作這道焦糖蘋果塔。

焦糖蘋果塔

材料 直徑14cm 1個份

◆ 塔皮麵團
（直徑14cm派塔模 2個份）

中高筋麵粉（法國粉）……115g
杏仁粉……30g
糖粉……45g
發酵奶油……60g
全蛋……20g

◆ 杏仁奶油餡

發酵奶油……35g
微粒子精製白糖……35g
全蛋……30g
杏仁粉……35g
酸奶油……10g

◆ 焦糖蘋果果凍膠
（容易製作的份量）

微粒子精製白糖……40g
紅玉蘋果……1顆（切8塊）
蘋果白蘭地……10g
果凍膠（加水加熱型）……適量

point 蘋果白蘭地（Calvados）生產於法國北部的諾曼第大區，是以蘋果為原料製成的蒸餾酒。

point 使用定型力強，加水加熱型的果凍膠。

◆ 浸泡蘋果

紅玉蘋果……1顆半（140g）
蘋果白蘭地……15g

塔皮麵團的準備作業

- 杏仁粉、中高筋麵粉、糖粉一同篩過備用（參照P.28），置於冰箱冷凍1小時。
- 奶油切成10mm塊狀，置於冰箱冷凍約20分鐘（參照P.28，注意不可冰到硬梆梆）

point 奶油或粉料太冰的話，混合時奶油顆粒會殘留到最後，因此奶油與粉料都不能太冰。

- 全蛋打散後冰過備用（參照P.28）

杏仁奶油餡的準備作業

- 奶油回溫變軟（參照P.28）
- 全蛋打散回溫（參照P.28）
- 杏仁粉篩過備用（參照P.28）

作法

[製作塔皮麵團]

1 依照杏仁塔作法步驟❶～❺製作塔皮麵團，並擀成圓形（參照P.56）。

※多做的1塊塔皮麵團用保鮮膜包緊（參照P.56作法❸），可冷凍保存2週左右。使用時放至冷藏解凍。

[製作杏仁奶油餡]

2 依照杏仁塔作法步驟❻～❿製作杏仁奶油餡（P.57～59）。但用酸奶油取代萊姆酒，並以橡膠刮刀拌勻。

[製作焦糖蘋果果凍膠]

3 於鍋中倒入精製白糖，以中火加熱，傾斜繞轉鍋子，讓糖完全融化，製成顏色明顯的焦糖。

4 加入蘋果熱炒，當蘋果邊角變鈍時，加入蘋果白蘭地並關火。這時就算蘋果還沒熟透也沒關係（a）。

5 放至濾網，濾取汁液（約30g）。放在濾網上讓汁液自然滴濾（b）。

6 混合5的汁液與果凍膠（約20g）。

※將濾掉汁液的蘋果放入耐熱容器，蓋上保鮮膜，以500W微波爐加熱3分鐘變軟。與香草冰淇淋或優格一同品嘗會非常美味。

a

b

[製作浸泡蘋果]

7 蘋果削皮，切成細絲，與蘋果白蘭地拌勻備用。

[將塔皮麵團鋪入派塔模]

8 在能夠重複使用的烘焙墊擺放塗有奶油（分量外）的派塔模，接著鋪入塔皮麵團。先將塔皮整塊拿起，確認是有點帶軟的硬度後，再開始鋪入模具中。塔皮置中擺入模具後，馬上立起邊緣（避免模具邊緣切斷塔皮）。

9 立起整片塔皮後要用摺入的方式，讓塔皮貼合模底邊角（c）。太用力按壓會留下指紋，塔皮也會變薄，因此要特別注意。

10 攤開立起的塔皮，鋪上保鮮膜，滾壓擀麵棍去除多餘塔皮（d）。

11 貼緊側邊的塔皮，整塑形狀（e）。靜置冰箱冷藏變硬到能夠脫模的硬度，接著放到矽膠烤墊（參照P.11，沒有的話則是在塔皮戳洞）。

[填餡]

12 倒入全部的杏仁奶油餡。

13 擺放浸泡蘋果，用蘋果絲（約60g）埋住餡料的縫隙（f）。接著再擺上切成長條狀，約80g的蘋果絲（g）。

[烘烤]

14 蓋上鋁箔紙，放入160℃烤箱烘烤20分鐘，烤盤轉向後再烤15分鐘。烘烤程度不夠時，撕掉鋁箔紙再補烤10分鐘。

15 成品放涼後，再用毛刷塗上微波爐稍微加溫過的果凍膠。

※出爐當天非常美味。密封可存放冰箱冷藏2天左右。

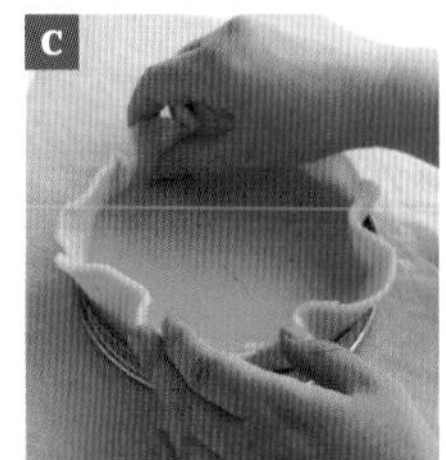
c

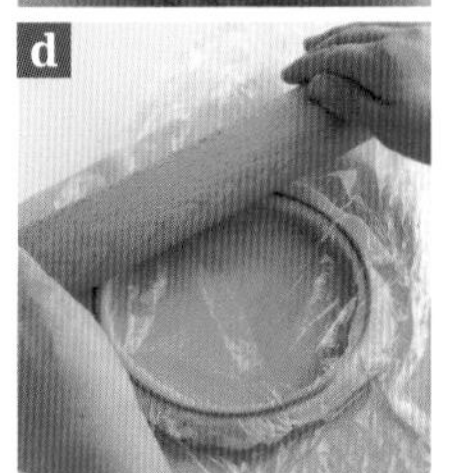
d

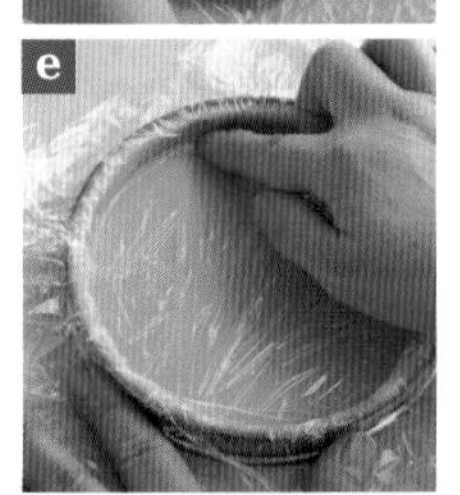
e

f

g

Lesson 04

蛋糕捲

Roll cake

草莓蛋糕捲

Strawberry roll cake

製作時有將雞蛋充分打發並攪拌均勻，
所以能嘗到紮實卻又會在口中化開的風味。
製作關鍵在於一定要慢慢且確實打發雞蛋，還要注意不可讓糕體變乾。
質地細緻綿密的蛋糕體，搭配滑順鮮奶油，
再加上草莓的酸味，呈現出完美的協調性。
別忘了確認如何捲出漂亮成品的訣竅。

材料 1條

◆ 全蛋打發麵糊
（底板尺寸26.5cm×26.5cm的蛋糕捲用烤盤 1片）

全蛋……180g
微粒子精製白糖……60g
香草油……適量
低筋麵粉（特寶笠）……50g

◆ 內餡

鮮奶油（乳脂含量36%）……200g
微粒子精製白糖……16g
※糖的添加比例為8%，使用高乳脂含量的鮮奶油則變更為10%。
草莓……⅔～1盒

準備作業

● 低筋麵粉篩過備用（參照P.28）

● 在烤盤鋪放稻和半紙

point 稻和半紙在烘烤時能讓水蒸氣適量逸出，保存時則能避免蛋糕體變乾，會比烘焙紙更合適。

—…谷折
—…剪開

沿著烤盤剪掉

準備2張稻和半紙，參考左圖重疊鋪放。

[製作全蛋打發麵糊]

❶

將料理盆中的全蛋打散，倒入所有微粒子精製白糖拌勻。

❷

用手持式打蛋器（先用高速，當份量開始變膨脹，出現紋路時改成低速）打發至會留有紋路。

point 用打蛋器寫「の」字的打發速度較快，但會形成大氣泡，質地也較粗。一旦出現大氣泡就很難消除，所以打發時要避免打出大氣泡。

❸

滴入香草油拌勻。

❹

再次將低筋麵粉邊篩邊加入，用橡膠刮刀拌勻至麵糊帶有光澤，注意不可太用力攪拌（約100次）。邊轉動料理盆，邊用寫「J」的方式，從盆底中間撈刮麵糊，碰到盆子邊緣後翻回。

[麵糊倒入烤盤]

❺

將麵糊倒入烤盤，以刮板刮平，用剩餘的麵糊讓稻和半紙服貼於烤盤，接著再擺上烤箱的烤架上。

point 用些許麵糊將稻和半紙貼合在烤盤上，避免烘烤時爐風吹動。

[烘烤]

6

放入預熱至220℃的烤箱，以190℃烘烤10分鐘，用手指輕碰表面，確認有無彈性。烘烤程度不夠時，烤盤轉向後再補烤2分鐘左右。

7

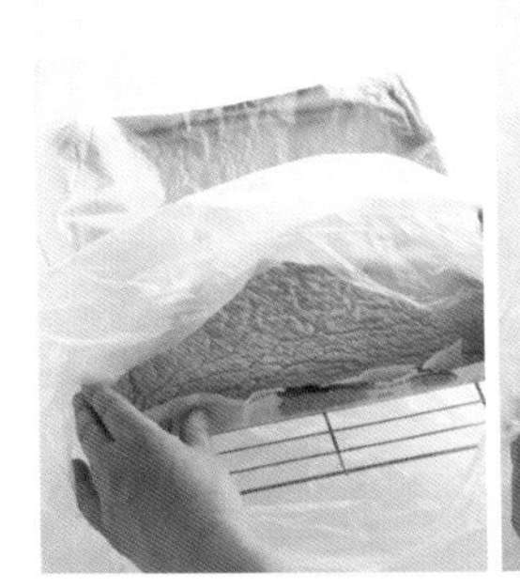

蛋糕放涼後，連同稻和半紙一起放入塑膠袋中，蛋糕上面還要蓋層稻和半紙，並稍微封起袋口。

靜置於陰涼處一晚。

[製作鮮奶油]

8

將放有鮮奶油的料理盆底浸在冰水中，加入全部的精製白糖，用手持式打蛋器打發。

9

硬性打發（料理盆傾斜時，裡頭的鮮奶油不會滑動）。

point **打得較硬才能避免捲蛋糕時，鮮奶油被蛋糕重量擠壓扁掉。**

[捲製]

10

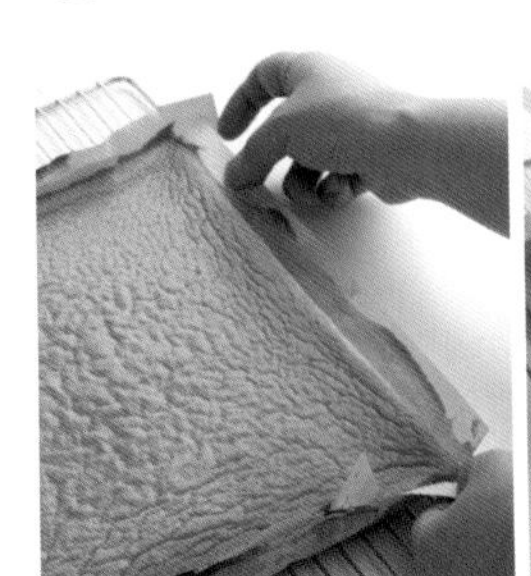

撕開蛋糕邊緣的紙，鋪上一層新的稻和半紙，並將蛋糕翻面（蛋糕不可直接接觸散熱架）。撕掉底部的稻和半紙。

point **從四個邊角慢慢撕開才會漂亮。**

point **底部的稻和半紙先不要丟棄，後續處理蛋糕時還會使用到。**

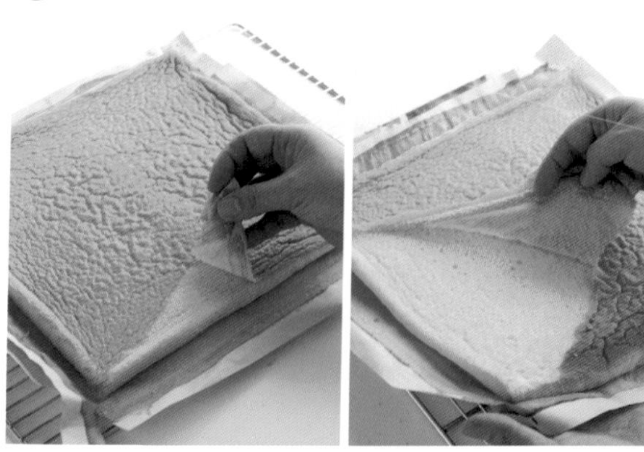

蓋上撕掉的稻和半紙，再次將蛋糕翻面，撕除帶有烤色的蛋糕皮。

point 撕掉表皮才吃得到膨鬆的美味口感。

將⓫連同稻和半紙擺在烘焙紙上，用打蛋器稍微攪拌鮮奶油，調整硬度（參照P.73的作法❾）。在剝掉表皮的那一面塗抹$\frac{4}{5}$的鮮奶油，用抹刀將鮮奶油整個塗抹開來。

point 剝掉表皮的那一面較濕潤，作為內側會較容易捲起。

point 捲起時會在最中間的部分要塗抹較少的鮮奶油。

⓭

在距離邊緣1cm處，將草莓排成一列。

在$\frac{2}{3}$左右的範圍撒入切成1cm大小的草莓塊。

15

在草莓列的後方擠一條鮮奶油，接著於草莓上再擠一條。若有剩餘，則在草莓塊的間隙擠完所有鮮奶油。

16

稍微搯起邊緣，由前往後捲出中間的芯。

17

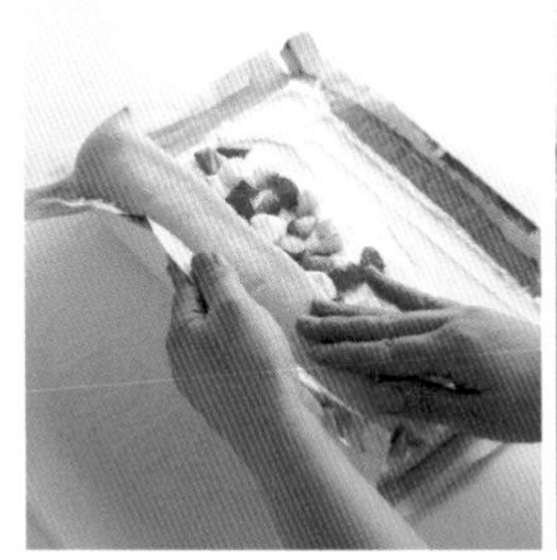

轉向90度，從左邊橫向捲起蛋糕。

point 左右捲起會比前後捲起更好作業，擠出的鮮奶油量也較少。

18

捲到一半時，從另一邊將蛋糕蓋過來，用稻和半紙將蛋糕捲起，注意不可將鮮奶油擠出。

19

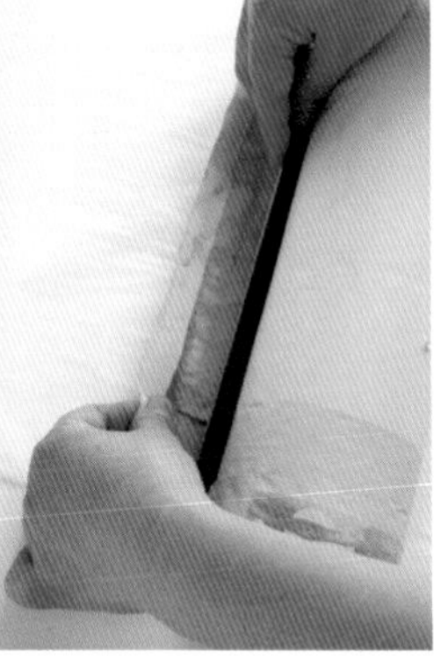

將直尺抵住原本鋪在下方的烘焙紙邊緣，不斷收緊蛋糕捲（擠壓出鮮奶油也沒關係），邊轉邊收，塑型蛋糕捲。

20

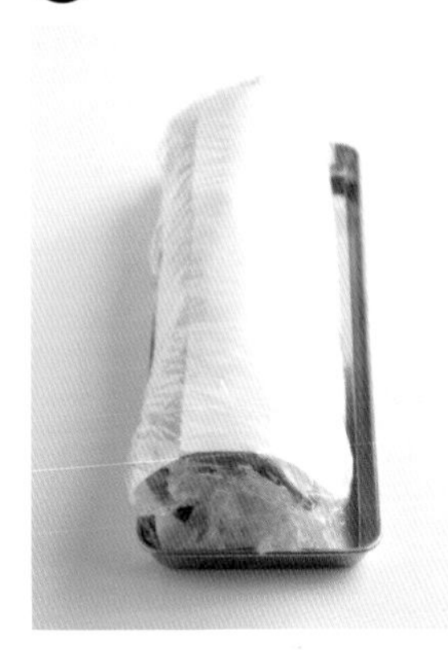

稻和半紙外面⑲再捲一層烘焙紙，接著裹上保鮮膜避免變乾，並存放冰箱冷藏（每20～30分鐘轉動蛋糕捲×3～4次）。

※放置半天～隔天，等水份吸收後再品嘗，會比做好現吃更美味。冷藏可存放至隔天。

驗證①

Vérification No.1

減少全蛋打發麵糊攪拌次數的話？

蛋糕體會變乾乾的

攪拌的方法會明顯改變麵團或麵糊做成糕點時的口感。
全蛋打發的成品質地綿密，口感濕潤。

製作關鍵在於將低筋麵粉邊篩邊加入後，要用橡膠刮刀拌勻至麵糊帶有光澤，且不可用力攪打。那麼，減少拌勻麵粉的次數會做出怎樣的成品呢？

基本作法（P.72）的攪拌次數為100次，我分別減至60次與30次做驗證。

統一以基本作法（P.70～75）的步驟製作。

基本作法（約攪拌100次）的成品質地細緻綿密，口感濕潤，蛋糕背面烘烤後的質地同樣細緻。

「60次」的成品較乾且稍微偏硬，放至隔天會變得有點濕潤。

「30次」的成品要撕掉稻和半紙時黏得較緊，不容易撕除。不只蛋糕表面偏乾，背面情況也相同，放至隔天會出現明顯粉味。

透過驗證發現，減少攪拌次數會使蛋糕體變乾。

經烘烤後，麵糊所夾帶的空氣（氣體）會因膨脹（體積增加）而明顯膨起。這時澱粉也會糊化，蛋白質（雞蛋與麵粉）凝固，進而形成蛋糕體。

蛋糕捲使用的麵糊必須充分攪拌至帶有光澤，去除掉打發麵糊中相當份量的氣泡，如此一來才能形成麩質，讓蛋糕體變得更好捲。
換句話說，與基本的攪拌100次相比，減為60次及30次除了無法把粉料拌勻，還會在麵糊內殘留大量空氣，使蛋糕口感變乾。

依照基本作法（P.70～75），攪拌100次的成品

攪拌60次

攪拌30次

驗證②

Vérification No.2

改成分蛋打發，或是分蛋打發且擠成條狀的話？

分蛋打發　口感濕潤，膨鬆輕盈

分蛋打發且擠成條狀　鬆軟輕盈帶彈性

蛋糕捲的蛋糕體作法一般可分為全蛋打發、分蛋打發或分蛋打發且擠成條狀三種。

全蛋打發是指將蛋黃與蛋白一起打發，
分蛋打發是分出蛋黃與蛋白，並將蛋白打到可以翹起尖角的蛋白霜，
分蛋打發且擠成條狀則是把分蛋打發製成的麵糊填入擠花袋後，擠到烤盤上。

全蛋打發的麵糊製作方式如下。

❶ **使用全蛋180g、微粒子精製白糖70g、低筋麵粉（紫羅蘭）50g，依照基本作法製作（P.72～73）。**

❷ **為了方便驗證，不添加香草油。**

分蛋打發的麵糊製作方式如下。

❶ **使用蛋黃60g、微粒子精製白糖20g、[蛋白120g、微粒子精製白糖50g]、低筋麵粉（紫羅蘭）50g製作（P.81～83）。**

分蛋打發且擠成條狀的麵糊製作方式如下。

❶ **使用蛋黃60g、微粒子精製白糖20g、[蛋白120g、微粒子精製白糖50g]、低筋麵粉（紫羅蘭）50g製作（P.85～87）。**

❷ **為了方便驗證，不添加香草油。**

❸ **將麵糊填入擠花袋，擠到烤盤上烘烤。全蛋打發與分蛋打發的麵糊則不使用擠花袋。**

分別將這些蛋糕體製成蛋糕捲做驗證。

全蛋打發的蛋糕體質地細緻，口感濕潤。
分蛋打發的蛋糕體除了保有濕潤口感，還相當膨鬆輕盈。
分蛋打發且擠成條狀的蛋糕體鬆軟輕盈且帶彈性。
雖然與分蛋打發一樣，都是將蛋白打成蛋白霜，但擠成條狀烘烤製成的蛋糕體能將打發的蛋白霜發揮到極致。

建議各位可根據搭配的鮮奶油與整體協調性，思考要使用哪種蛋糕體。

依照基本作法（P.70～75），全蛋打發的成品

分蛋打發的成品

分蛋打發且擠成條狀的成品

驗證③

Vérification No.3

如何充分發揮分蛋打發的蛋糕體口感，成為美味的蛋糕捲？

兼具清爽與濃郁滋味的芒果蛋糕捲

分蛋打發的蛋糕體質地濕潤輕盈，與兼具濃郁及清爽口感的奶油餡極為相搭，於是我在鮮奶油中加入了奶油乳酪與酸奶油。
芒果則是浸泡處理，調整酸味。
驗證②（P.78～79）並沒有添加融化奶油，但這裡顧及與鮮奶油餡的協調表現，於是我加入了融化奶油營造出濃郁感。
混合蛋黃麵糊與蛋白霜的分蛋打發方式，能夠打造出口感輕盈的蛋糕體。為了與芒果搭配，這裡會刻意讓蛋糕體更為輕盈。

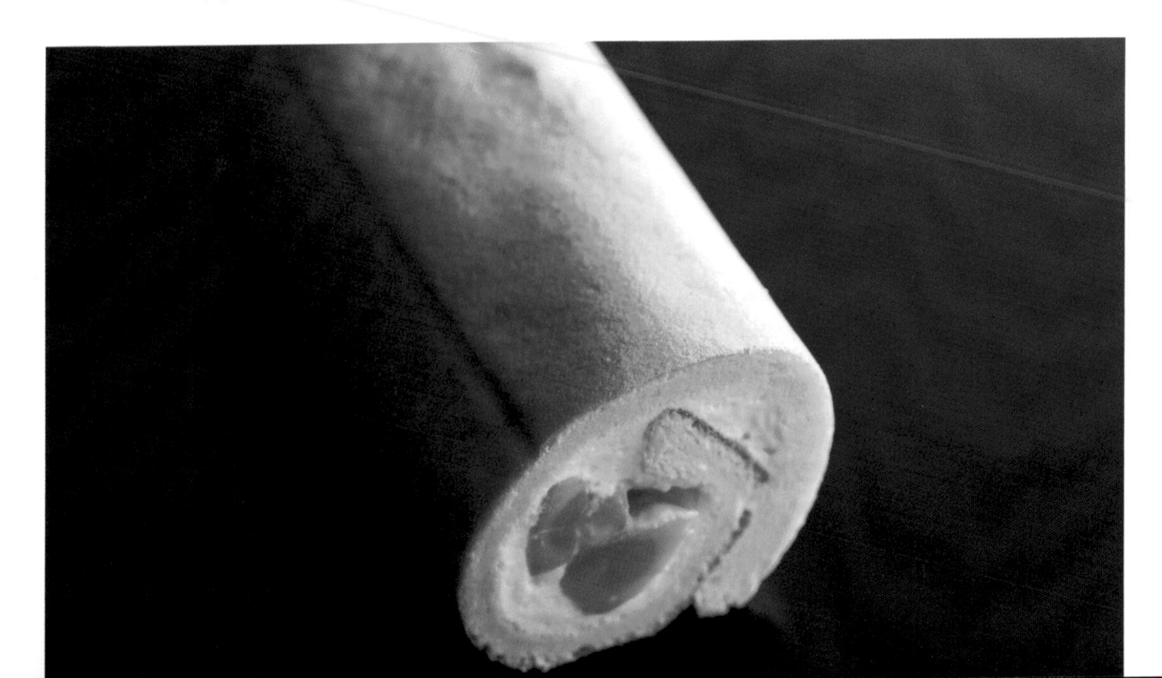

芒果蛋糕捲

材料 1條

◆ 分蛋打發麵糊
（底板尺寸26.5mm×26.5mm的蛋糕捲用烤盤 1片）

蛋黃……60g
微粒子精製白糖……20g
┌ 蛋白……120g
└ 微粒子精製白糖……50g
發酵奶油……40g
低筋麵粉（特寶笠）……50g

◆ 內餡

吉利丁片……1g
鮮奶油（乳脂含量36%）……100g
微粒子精製白糖……16g
奶油乳酪……100g
酸奶油……10g
浸泡芒果（參照下述）……200g

◆ 浸泡芒果（容易製作的份量）

吉利丁片（增加稠度用）……0.5g
A | 冷凍百香果泥（La Fruitiere加糖果泥）……45g
| 冷凍芒果泥（La Fruitiere加糖果泥）……15g
| 微粒子精製白糖……5g
冷凍芒果（塊狀）……200g

point 新鮮芒果的甜度差異較大，因此改用冷凍芒果。

吉利丁片浸冰水泡軟，擠乾水分後，隔水加熱至融化。**A**解凍混合後，取⅓與吉利丁拌勻，並倒入剩餘的**A**。加入冷凍芒果，置於常溫直到芒果解凍。

蛋糕體麵糊的準備作業

[生地]

● 低筋麵粉篩過備用（參照P.28）

● 蛋白冰過備用

● 烤盤鋪好稻和半紙（參照P.71）

內餡的準備作業

● 奶油乳酪回溫變軟

作法

[製作分蛋打發麵糊]

1

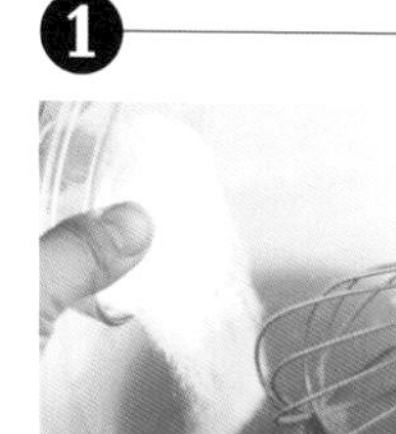

將料理盆中的蛋黃打散，加入全部的微粒子精製白糖20g，用打蛋器打發到變白。

point 也可以使用手持式打蛋器，但因為材料份量較少容易噴濺，因此改用打蛋器手打。

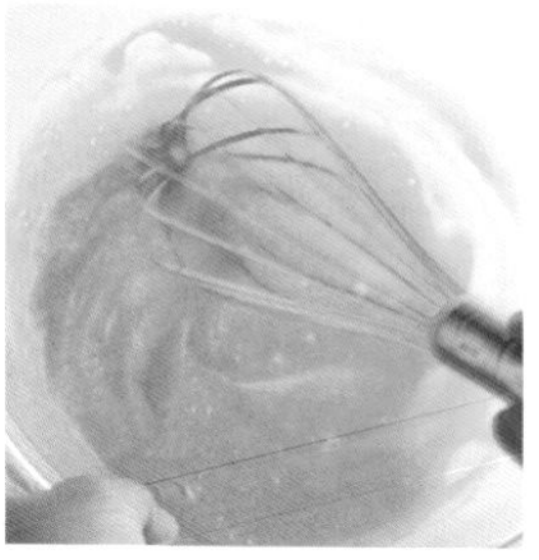

point 料理盆斜放，用畫圓的方式以打蛋器攪拌。這樣蛋黃會自然滑落，能夠拌得更均勻。

仔細打發，直到變成圖片中帶點白的顏色。

2

將蛋白倒入另一只料理盆，浸在冰水中並以手持式打蛋器低速打發。

point 使用冰過的新鮮蛋白。

整個變成泡沫狀後，將50g精製白糖加入其中的⅓，並以低速打發。分2次加入剩餘的糖，每次都以低速打發。

point 打到可以翹起尖角，不能是軟綿的泡沫。

3

奶油放入另一只料理盆，並將盆子浸入熱水，讓奶油融化備用，溫度為50～60℃。

4

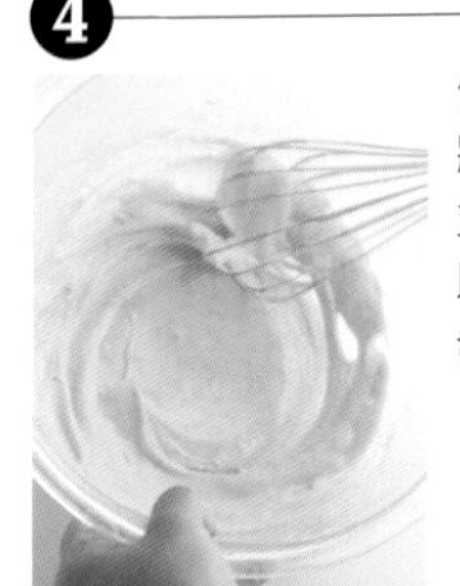

依照步驟的方式將料理盆斜放，並用畫圓的方式以打蛋器攪拌打發❶的麵糊。

5

取⅔的❷蛋白霜加入❹並輕拌。

point 稍微拌勻，注意不可讓蛋白霜消泡。這裡的蛋白霜可以打發至留有紋路。

6

再次將低筋麵粉邊篩邊加入，用橡膠刮刀從盆底撈拌混合。

邊轉動料理盆，邊用寫「J」的方式，從盆底中間撈刮麵糊，碰到盆子邊緣後翻回。

point 粉料很容易吸收水分，因此混合時動作要迅速。可同時轉動料理盆，避免沒有拌勻。

7

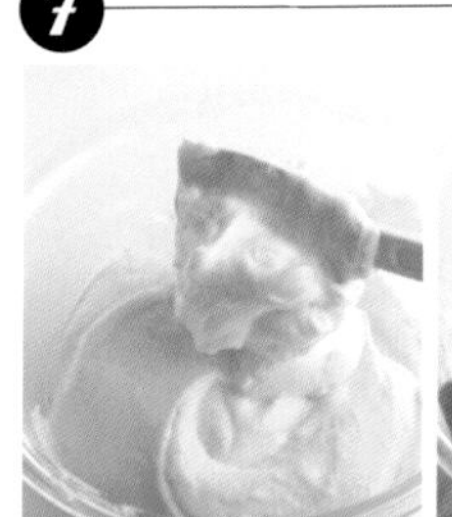

拌到看不見粉末時，加入剩餘的蛋白霜，並從盆底撈拌混合。

8

將一些❼的麵糊（¼～⅕的量）加入❸的融化奶油中。奶油會沉到下面，攪拌時要從盆底撈起。

倒回❼的料理盆中，從盆底撈拌均勻。

[倒入烤盤]

9

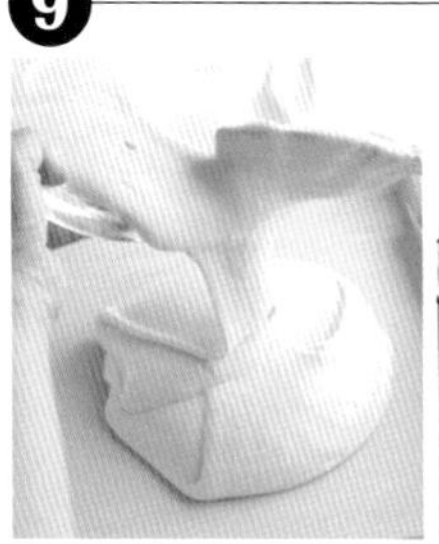

將麵糊倒入烤盤，以刮板刮平，用剩餘的麵糊讓稻和半紙服貼於烤盤，接著再擺上烤箱的烤架上。

[烘烤]

放入預熱至200℃的烤箱，以180℃烘烤12分鐘，烤盤轉向後再烤2分鐘左右。用手指輕碰表面，確認有無彈性。烘烤程度不夠時，則再將烤盤轉向，補烤2分鐘左右。

11

蛋糕放涼後，連同稻和半紙一起放入塑膠袋中，蛋糕上面還要蓋層稻和半紙，並稍微封起袋口，靜置於陰涼處一晚（參照P.73草莓蛋糕捲作法❼）。

[製作鮮奶油]

吉利丁片浸冰水泡軟。

point 浸泡太久的話，吉利丁片可能會吸收過多水分，需特別留意。基本上，1g吉利丁片泡成6g後就能使用。

13

精製白糖倒入鮮奶油中，將料理盆浸在冰水裡，並以手持式打蛋器打發9分鐘。

point 要打發到用打蛋器撈起鮮奶油時不會滴落的硬度。接下來還要與其他材料混合，因此一定要充分打發，才能維持住蛋糕捲的形狀。

14

用餐巾紙吸乾⓬吉利丁片的水分，放入料理盆，將盆子浸熱水使吉利丁片融化。加入一部分的奶油乳酪（¼的量），用橡膠刮刀將奶油乳酪與吉利丁片拌勻融合。拌勻後，倒回奶油乳酪的料理盆再次攪拌，接著加入酸奶油混合。

15

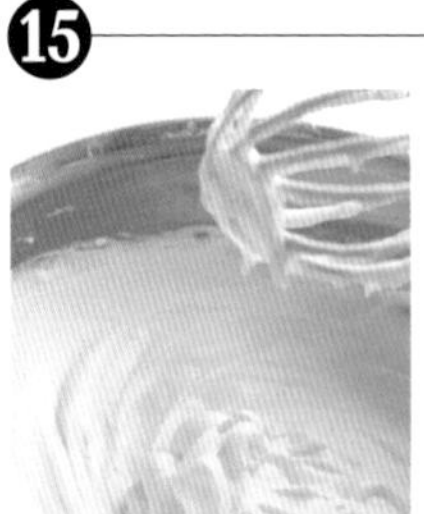

分3次加入⓭的鮮奶油，每次都要用打蛋器確實拌勻。放置冰箱冷藏至少半小時，讓鮮奶油充分變硬。

[填餡]

將浸泡的芒果放入濾網，瀝掉汁液。

撕掉⓫蛋糕體的稻和半紙，擺放於烘焙紙，讓烤出色的那面朝下。塗抹鮮奶油，擺上⓰的芒果後捲起，存放於冰箱冷藏（參照P.73～75草莓蛋糕捲作法⓾、⓬～⓴，但不會使用底部的稻和半紙）。

※放置半天～隔天，等水份吸收後再品嘗，會比做好現吃更美味。冷藏可存放至隔天。

驗證④

Vérification No.4

如何充分發揮分蛋打發且擠成條狀的蛋糕體口感，成為美味的蛋糕捲？

鮮奶油口感輕盈的美味咖啡蛋糕捲

撒下糖粉後，表面稍微帶脆的口感，以及內層夾帶空氣變得濕潤膨鬆的蛋糕體，蛋打發且擠成條狀的作法就是能呈現出這樣的美妙對比。
為了配合蛋糕體的輕盈，我選搭了口感相當的鮮奶油。若只有輕盈，那麼整體容易讓人覺得單調，因此將鮮奶油做成了咖啡風味。甚至搭配濃郁的甘納許加以點綴，讓味道呈現更具衝擊對比。咖啡與甘納許的組合真的是無與倫比的絕妙成熟風味。

咖啡蛋糕捲

材料 1條

◆ 分蛋打發且擠成條狀的麵糊
（底板尺寸29mm×24mm的烤盤1片）

蛋黃……60g
微粒子精製白糖……20g
香草油……適量
蛋白……110g
微粒子精製白糖……60g
低筋麵粉（紫羅蘭）……70g
糖粉……適量

◆ 咖啡甘納許
（容易製作的份量）

調溫巧克力（可可含量56%）……40g
調溫巧克力（可可含量40%）……90g
鮮奶油（乳脂含量36%）……90g
轉化糖……10g
即溶咖啡……1.5g
奶油……35g

point 轉化糖屬膏狀砂糖，能讓甘納許的狀態更穩定。

◆ 咖啡鮮奶油

鮮奶油（乳脂含量36%）……200g
咖啡豆……15g
精製白糖……18g
即溶咖啡……1.5g
（可依品牌自行增減用量）

蛋糕體麵糊的準備作業

- 低筋麵粉篩過備用（參照P.28）
- 蛋白冰過備用
- 烤盤鋪好烘焙紙（參照P.71）

point 分蛋打發且擠成條狀的麵糊烤成蛋糕體後如果太乾，會無法捲成蛋糕捲，因此不用稻和半紙，而是改用一次性的烘焙紙。

咖啡鮮奶油的準備作業

- 在鮮奶油浸入磨成粗粒的咖啡豆，放入冰箱冷藏4小時以上（盡可能冰一晚），讓咖啡入味到鮮奶油中。

point 咖啡豆磨太細會吸收鮮奶油，使整體份量明顯縮水。

作法

[製作分蛋打發且擠成條狀的麵糊]

1

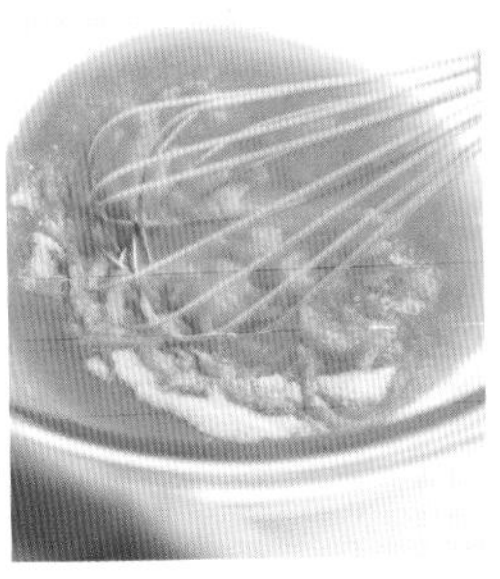

打散料理盆中的蛋黃，加入20g精製白糖，用打蛋器以磨拌的方式拌到稍微變白。滴入香草油拌勻。

point 料理盆斜放，用畫圓的方式以打蛋器攪拌。這樣蛋黃會自然滑落，能夠拌得更均勻。

將蛋白倒入另一只料理盆，浸在冰水中並以手持式打蛋器中速打發到整個呈現泡沫狀。

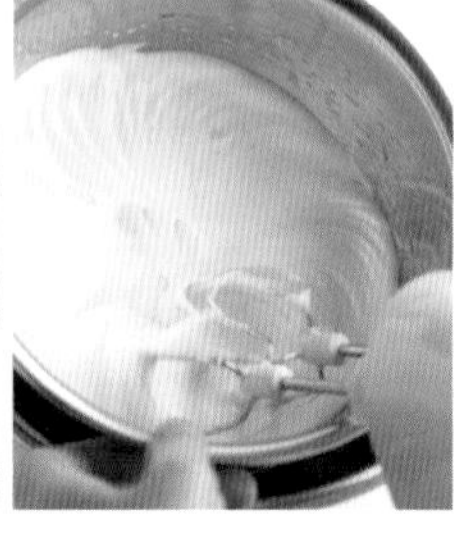

整個變成泡沫狀後，將60g精製白糖加入其中的$\frac{1}{3}$，並以低速打發。分2次加入剩餘的糖，每次都以低速打發。

蛋白霜要打到可以翹起尖角。

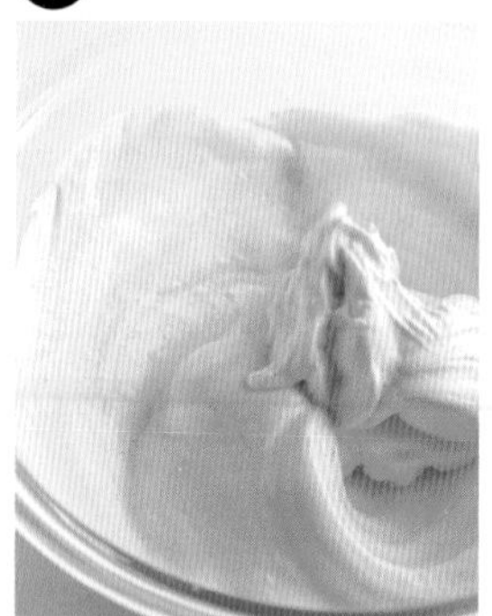

在❶的料理盆加入$\frac{2}{3}$的❷蛋白霜，用打蛋器稍微攪拌10次。

point 蛋黃麵糊與蛋白霜不用完全混合，只要帶有大理石花紋路即可。

再次將低筋麵粉邊篩邊加入，用橡膠刮刀從盆底迅速撈拌混合。

point 撈拌至看不見粉末。

5

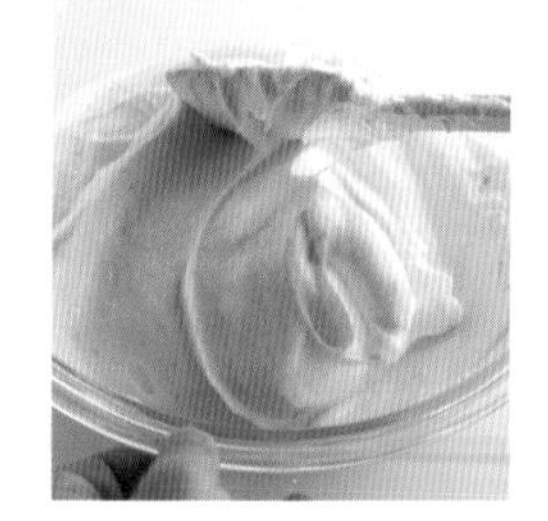

加入剩餘的蛋白霜輕輕拌勻。

[擠出]

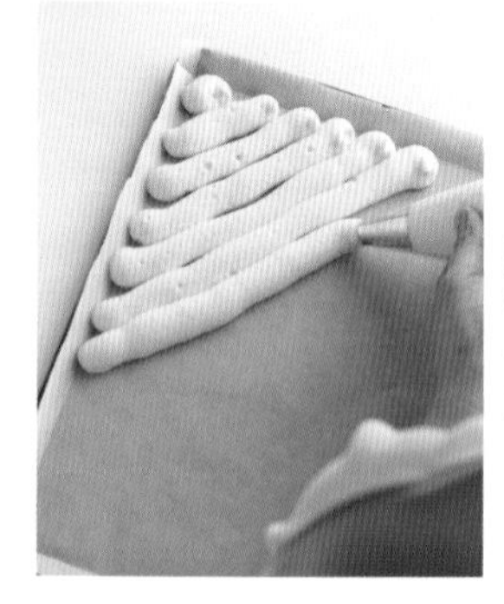

將麵糊填入裝有10～12mm圓形花嘴的擠花袋，烤盤斜放，擠出約17條的麵糊條。

point 擠的時候如果麵糊塌軟，就表示蛋白霜的打發情況可能不好，氣泡支撐力較弱。

用濾茶網在整塊烤盤撒下薄薄一層糖粉。待糖粉反潮後，再撒第2次。

point 撒下的糖粉能在表面形成薄膜，避免麵糊烘烤時太過乾燥。

[烘烤]

放入180℃烤箱烘烤10分鐘，烤盤轉向後再烤2分鐘。

9

將蛋糕體從烤盤移至散熱架。稍微放涼後，撕掉烘焙紙。

point 烤完後一直放在烤盤的話，蛋糕體會乾掉變得不好捲起。不撕掉烘焙紙的話，餘溫的悶蒸則會使蛋糕變濕潤。

[製作甘納許]

製作甘納許（參照P.51全麥粉甘納許夾心餅乾作法步驟**1～3**）。但改用15cm的方形模具，冷凍後，切成5mm方塊，接著再冷凍約半小時。

[製作咖啡鮮奶油]

取200g已經濾掉咖啡豆的鮮奶油，加入精製白糖（如果不夠200g，則可調整成精製白糖比例為9%的份量）。再加入即溶咖啡，將料理盆浸在冰水中並充分打發。

[填餡捲製]

將❾的蛋糕體翻面擺放在新的烘焙紙上（撒糖粉的面朝下）。

塗抹⓫的咖啡鮮奶油（參照P.74草莓蛋糕捲作法步驟⓬）。

使用約一半的❿甘納許。在距離邊緣1cm處，將甘納許排成一列。在⅔左右的範圍撒入甘納許（參照P.74～75草莓蛋糕捲作法步驟⓭～⓯）。

捲起蛋糕，存放冰箱冷藏（參照P.75草莓蛋糕捲作法步驟⓰～⓴）。

※放置半天～隔天，等水份吸收後再品嘗，會比做好現吃更美味。冷藏可存放至隔天。

手持式打蛋器的特性差異

手持式打蛋器非常方便，除了作業起來非常迅速，還能打發成想要的狀態。
不同廠牌與型號表現上會有差異
各位務必了解自己在使用或想購買的打蛋器特性。

攪拌頭形狀、馬達強弱都會影響打發的狀態，各位可依自己的目的與喜好選用。

選購時希望各位注意的重點為攪拌頭形狀與功率。

比起筆直形狀，造型交錯的攪拌頭較容易混合材料，打發速度較快。另外，若攪拌頭末端較細，材料量少時會不易拌勻，打發的時間似乎也會較久。

若攪拌頭形狀相同，功率較高或可連續使用時間較長的打蛋器力道表現都會較強，當然也就更容易打發。

不過，使用很久或使用頻繁的打蛋器馬達負載較大，力道表現就有可能變差，如此一來，即便是相同型號也會出現差異。

追求相同成品的同時，廠牌、型號、使用期間、頻率等各種條件還是會在打發速度及時間上帶來差異。

在做同一狀態的打發驗證時，我發現以A型號用低速要打發10分鐘，B的低速打7分鐘後，因為力道表現太強，最後僅再用手打1分鐘，C的低速則需要13分鐘。

基於上述結果，我在書中並沒有列出使用手持式打蛋器所需的打發時間。敬請各位考量自己使用的打蛋器特性，並參考圖片中打完的狀態，來調整打發所需的時間。

【砂糖60g、雞蛋120g／分別以最高速模式打發6分半鐘的比較】

Lesson 05

奶油蛋糕
（全蛋打發的磅蛋糕）

Butter cake

奶油蛋糕
（全蛋打發的磅蛋糕）

Butter cake

奶油蛋糕也有出現在我的前著「狂熱糕點師的洋菓子研究室」中，
當時是介紹未打發的奶油蛋糕。
本書則是以一般的打發方法製作。
若要呈現出濕潤的口感，
逐次加入少量雞蛋，仔細拌勻的動作就非常重要。
混合奶油與雞蛋時，用手持式打蛋器拌入大量空氣，
放入低筋麵粉後，再以橡膠刮刀充分拌勻，同時也要記住不能攪打。

材料

12cm×6cm×高6.5cm磅蛋糕烤模 1組

發酵奶油……………………………………60g
微粒子精製白糖…………………………55g
全蛋…………………………………………60g
低筋麵粉（紫羅蘭）……………………60g

準備作業

- 奶油回溫變軟（參照P.28）
- 全蛋打散回溫（參照P.28）
- 低筋麵粉篩過備用（參照P.28）
- 混合5g高筋麵粉（分量外）與10g奶油（分量外），用毛刷塗抹模型，冰過備用。

point 發酵奶油的氣味容易改變，因此塗抹模型時，改用無鹽的非發酵奶油。

point 有些模具單純塗抹奶油可能會更容易脫模。

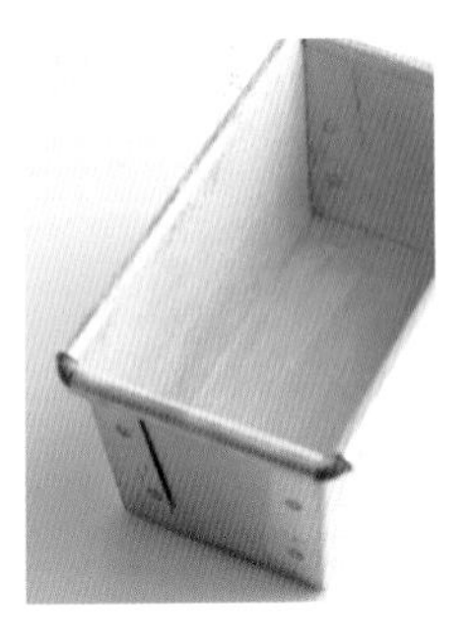

[混合材料]

1

將料理盆中的奶油以手持式打蛋器低速打發到稍微變白。

2

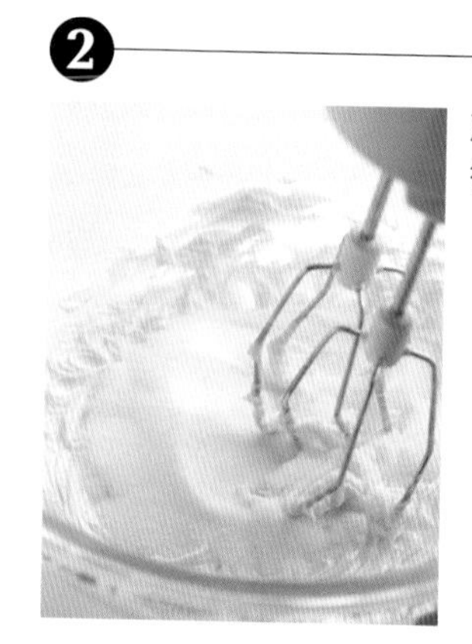

加入全部的精製白糖後，低速拌勻。

3

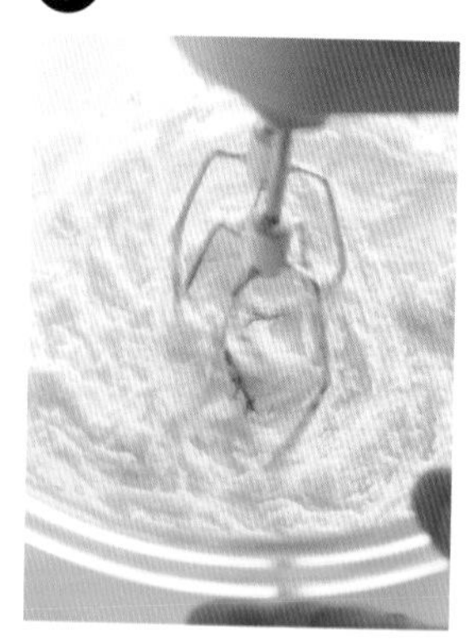

繼續以低速打發。固定打蛋器位置，改以轉動料理盆攪拌。

4

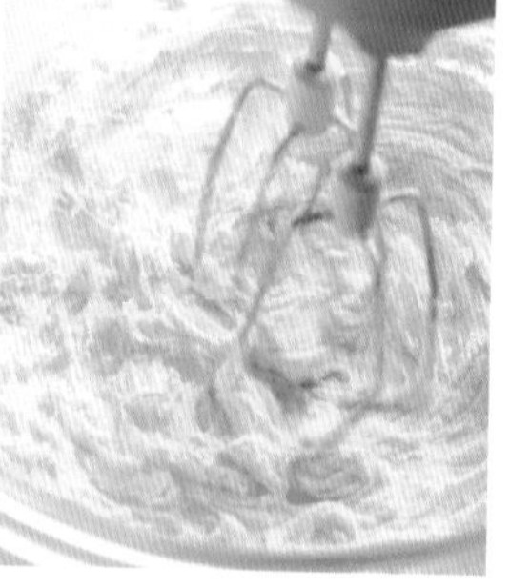

分8～9次加入全蛋，每次都要用低速充分混合。

point 打到稍微有點阻力時，就要再加入雞蛋。若每次都再多拌幾下，就會拌入太多空氣，導致烤出的成品縮腰，需特別留意。

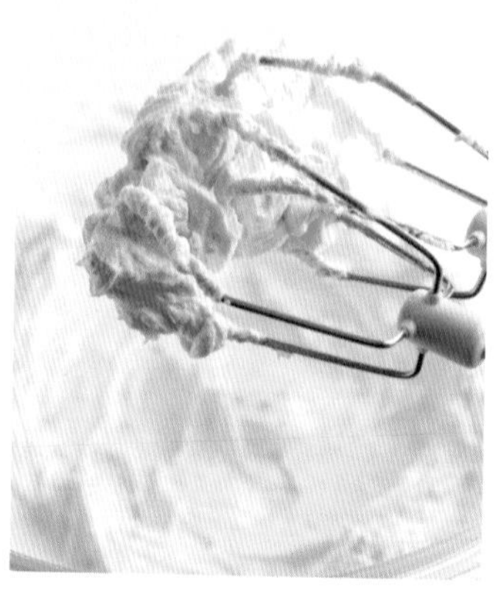

攪拌到拿起打蛋器時，附著於攪拌頭的麵糊不會掉落即可。

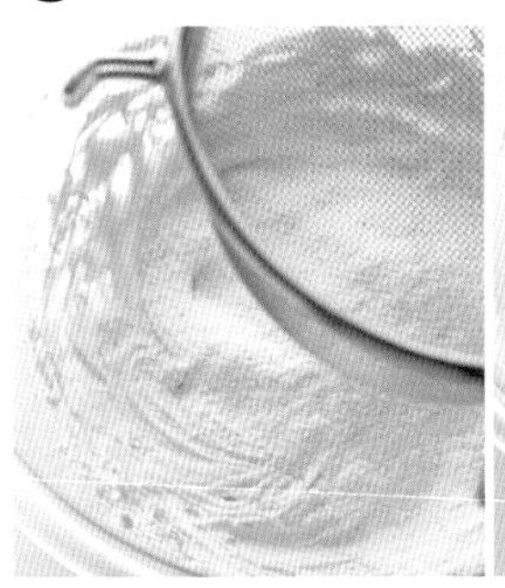

再次將低筋麵粉邊篩邊加入，用刮刀切拌的方式混合。

point **邊篩邊加入粉料較容易分散拌勻。**

從盆底撈拌均勻到看不見粉末。

point **一開始先用切拌的方式混合，讓奶油與雞蛋的水分散開，減少麵粉飛起。**

[填入烤模]

將❺的麵糊用刮刀填入模型中。

point **擠花袋會受手的熱度影響，這裡並未使用，但若製作量較大時，使用擠花袋作業會較有效率。**

以湯匙整平表面，從高10cm處往下敲放烤模，敲掉麵團與烤模間的縫隙。

[烘烤]

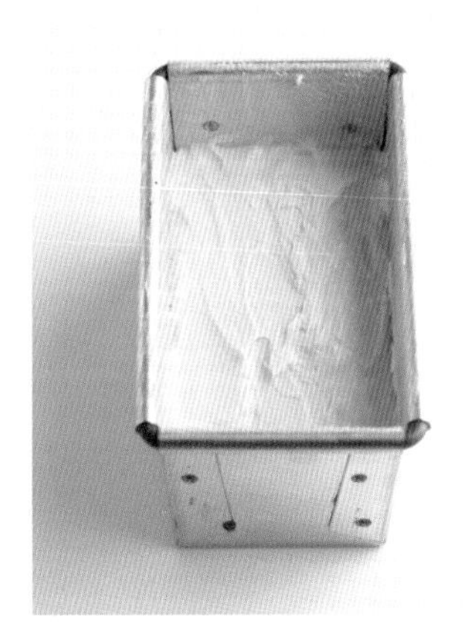

放入160℃烤箱烘烤20分鐘，烤盤轉向後再烤10分鐘。出爐後稍微放涼再脫模。

※用保鮮膜密封包裹，置於陰涼處存放。油氧化會改變奶油風味，因此要在2～3天內食用完畢。

驗證①

Vérification No.1

不過度攪拌，避免出現阻力（避免明顯乳化）的話？

油脂表現、濕潤感及輕盈度不同

必須充分意識到「乳化」的奶油蛋糕如果在製作時，不過度攪拌，避免出現阻力（避免明顯乳化）的話，會做出怎樣的成品呢？

依照基本作法（P.90～93），將作法統一如下。

❶奶油回溫變軟（溫度為25～26℃左右）。

❷全蛋加入的次數統一為8～9次。拌勻的麵糊溫度約為21℃左右。

用基本作法製作時，我在是奶油加了精製白糖，打至稍微變白後，再分8～9次加入全蛋，都要攪拌到出現阻力，使其乳化。也因為充分乳化的緣故，出爐的成品奶油味更香，口感也更濕潤。

未乳化的成品在製作時，則是逐次加入全蛋，但加入後並沒有攪拌到出現阻力。正因為沒有乳化，成品表現上也稍微偏油且較沉甸。

製作奶油蛋糕時，充分乳化雖然重要，但如果因為擔心分離，每次加入的全蛋量過少，反而會在攪拌時拌入太多空氣，導致成品腰縮。此外，若攪拌超出所需程度，也會出現乳化過頭進而分離的情況。

至於是否有分離，則必須觀察是否有「麵糊會從料理盆或刮刀滑落」、「應該拌勻的蛋液卻浮在上層」等情況來判斷。攪拌到帶有阻力時，就必須再加入全蛋，讓麵糊充分乳化。

依照基本作法（P.90～93），
充分攪拌製成的成品

未過度攪拌製成的成品

驗證②

Vérification No.2

全蛋打發的麵糊
能做出哪些美味磅蛋糕？

用口感厚實的栗子來搭配
輕盈的全蛋打發蛋糕體

全蛋打發的蛋糕體與表現厚重的栗子泥極為相搭。考量與栗子的協調性，我選擇打發麵糊的奶油，拌入空氣，讓糕體質地輕盈，出爐的成品柔軟並兼具奶油風味。另外更再將膨脹用的泡打粉連同高筋麵粉一起加入，展現出輕盈感。

萊姆酒則記得要使用風味較佳的Double Arôme。

栗子磅蛋糕

材料

23cm×5cm×高6cm磅蛋糕烤模 1組

Pâte de marron（栗子泥）……120g
萊姆酒（Double Arôme）……10g
發酵奶油……70g
微粒子精製白糖……50g
蛋黃……30g
全蛋……25g
萊姆酒漬栗子……下述全量
中高筋麵粉（法國粉）……50g
泡打粉……0.5g
香草油……適量

point **推薦使用Negrita的Double Arôme萊姆酒。除了香味十足，酒精度數也高，非常適合增加烘烤糕點的香氣。**

point **加入蛋黃的糕體會比只有全蛋的糕體稍微濃郁厚實，這樣的糕體風味才不會輸給栗子。**

◆ 萊姆酒漬栗子

糖漬栗子（非完整顆粒）……55g
萊姆酒……10g

用熱水（60～70℃）稍微沖洗糖漬栗子，擦乾水分。剁成5mm碎塊，浸漬萊姆酒1小時以上。

準備作業

- 奶油回溫變軟（參照P.28）
- 蛋黃與全蛋分別打散回溫（參照P.28）
- 中高筋麵粉與泡打粉一同篩過備用（參照P.28）
- 烤模鋪好烘焙紙

point **烤模形狀細長，為了方面脫模需使用烘焙紙。也可像P.91一樣，混合5g高筋麵粉（分量外）與10g奶油（分量外），用毛刷塗抹模型。**

作法

1. 將Pâte de marron栗子泥放入桌上型攪拌機，打至沒有結塊的狀態，接著加入萊姆酒混合。
   ＊沒有桌上型攪拌機則改用手持式打蛋器。
2. 加入全部的奶油，稍微打發。
3. 分2～3次加入糖，每次都要稍微打發。
4. 分2次加入蛋黃，稍微打發。全蛋則是分3～4次加入，每次都要仔細拌勻。
5. 加入全部的萊姆酒漬栗子並攪拌。加入香草油並拌勻。
6. 再次將粉料篩入，用橡膠刮刀仔細撈拌均勻。
7. 填入沒有放花嘴的擠花袋，擠入模型中，接著抹平表面。
8. 放入160℃烤箱烘烤25分鐘，烤盤轉向後再烤10分鐘。

※用保鮮膜密封包裹，置於陰涼處存放。等隔天入味後再品嘗會更美味，需在3～4天內食用完畢。

驗證③

Vérification No.3

比較全蛋打發與分蛋打發的成品差異

全蛋打發 既濕潤又輕盈

分蛋打發 輕盈感強烈且較乾

製作海綿蛋糕時會經常聽見「全蛋打發」與「分蛋打發」。

全蛋打發是指不區分蛋白蛋黃，整顆蛋打發的作法，分蛋打發則是區分出蛋白與蛋黃後，將蛋白打發的作法。兩種方法都能用來製作奶油蛋糕，但會有怎樣的差異呢？

依照基本作法（P.90～93），將作法統一如下。

❶奶油回溫變軟（溫度為24℃左右）。

❷統一加入粉料後的攪拌次數。

全蛋打發的成品是依照基本作法（P.90～93）製作。

分蛋打發的成品作法則是如下。

- **使用發酵奶油60g、微粒子精製白糖30g、蛋黃20g、[蛋白40g、微粒子精製白糖25g]、低筋麵粉（紫羅蘭）60g製作（P.102～104）。**

全蛋打發的成品口感濕潤，能吃到雞蛋風味。
分蛋打發的成品特色在於輕盈，保有濕潤感的同時，卻又帶點乾柴及膨鬆感。

全蛋打發作法適合用在需要混入泥狀等較密實材料的糕點。本書的基本作法與驗證用的全蛋打發麵糊都有把奶油打發，但其實奶油也可以不用打發。奶油打發的麵糊才會膨脹，成品也較輕盈。

分蛋打發不用像全蛋打發一樣，非常在意雞蛋與油脂是否乳化，製作難度相對較低。由於是打發蛋白，質地會比全蛋打發更輕盈，但表現輕盈的同時也稍嫌較乾，因此可以在糕體刷抹糖漿。

無論是全蛋打發或分蛋打發，若要增加濕潤感時，其實可以參考製作餅乾時，在低筋麵粉加入杏仁粉的作法。不過，杏仁粉過量會讓糕體膨脹不完全。

添加泡打粉、小蘇打粉等膨脹劑雖然也能達到目的，但雞蛋風味會變得薄弱，甚至會出現膨脹劑特有的味道（參照P.40～41）。

就請各位思考想要製作怎樣的成品以及搭配的餡料，決定如何製作糕體麵糊。

依照基本作法（P.90～93），
全蛋打發的成品

分蛋打發的成品

驗證④

Vérification No.4

分蛋打發的麵糊能做出哪些美味磅蛋糕？

在輕盈的分蛋打發麵糊中
加入杏仁粉
做成口感濕潤的檸檬蛋糕

分蛋打發的糕體會比全蛋打發來得乾，
除了能透過加入杏仁粉增加濕潤感，也可選擇刷抹糖漿。
在蛋黃加入全蛋，能做出較為輕盈口感的成品。
為了能品嘗到糖漿風味，這裡改用甜甜圈烤模來取代磅蛋糕烤模。
若想用磅蛋糕烤模製作，建議可減少杏仁粉、增加麵粉或是加點泡打粉。

檸檬蛋糕

材料

直徑70mm×高20mm的甜甜圈烤模 6顆

◆ 分蛋打發麵糊

	發酵奶油	75g
	糖粉	55g
A	全蛋	25g
	蛋黃	30g
	杏仁粉	35g
	中高筋麵粉（法國粉）	40g
B	檸檬皮	1顆
	檸檬汁	12g
	鹽漬檸檬	25g
	蛋白	45g
	微粒子精製白糖	20g

◆ 糖漿

微粒子精製白糖	20g
水	40g
檸檬汁	35g
檸檬酒（若無可改用檸檬汁）	5g

準備作業

- 奶油回溫變軟（參照P.28）
- **A**的全蛋與蛋黃一同打散回溫（參照P.28）
- 杏仁粉、中高筋麵粉分別篩過備用（參照P.28）
- 用鹽搓揉檸檬表面後洗淨，以餐巾紙擦乾水分。用刨刀刨檸檬皮，與**B**的其他材料混合備用。
- 在烤模塗抹奶油（分量外）

point **發酵奶油的氣味容易改變，因此塗抹模型時，改用無鹽的非發酵奶油。**

作法

[製作麵糊]

1 在放有奶油的料理盆加入糖粉，用打蛋器打發。

point **奶油不可過度打發。**

2 分4～5次加入**A**，每次都要拌勻。

3 再次將杏仁粉邊篩邊加入並拌勻。

point **杏仁粉不會產生麩質（參照P.14），因此可先加入拌勻。**

4 將蛋白倒入另一只料理盆，以手持式打蛋器低速打發，直到整個呈泡沫狀。加入¼的精製白糖，並以低速打發。分3次加入剩餘的糖，每次都以低速打發。

5 將**3**的奶油麵糊拌軟，加入⅔的**4**蛋白霜，用打蛋器輕拌。邊篩邊加入中低筋麵粉，並用橡膠刮刀拌勻。

point **奶油麵糊太冰結塊的話，就很難與蛋白霜拌勻，需特別留意。**

point **邊篩邊加入粉料較容易分散拌勻。**

6 加入**B**並拌勻。

7 將剩餘的蛋白霜重新打發後，加入**6**，並從盆底撈拌混合。

point **混合時不可讓蛋白霜消泡。**

8 將麵糊**7**填入裝有直徑10～12mm花嘴的擠花袋，並擠入烤模中（每個烤模的麵糊量為56～57g）。

9 放入160℃烤箱烘烤15分鐘，烤盤轉向後再烤10分鐘。接著再次轉向，繼續烤5分鐘左右。出爐後便可脫模。

[製作糖漿]

10 將精製白糖與水一起放入耐熱容器，用500W微波爐加熱40～50秒直到飄出熱氣。放涼後加入檸檬汁與檸檬酒。

[沾糖漿]

11 等**9**的甜甜圈蛋糕稍微放涼後，拿取蛋糕並將單面浸入**10**的糖漿中（**a**），接著排列於料理盤（**b**）。每顆蛋糕的糖漿用量約12g，糖漿不會全部用完。

point **只需稍微浸入糖漿，蛋糕就能整顆吸飽汁液。**

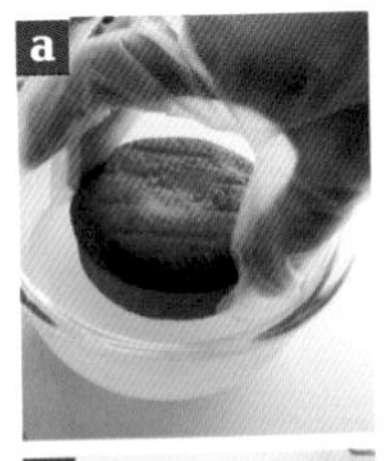
a

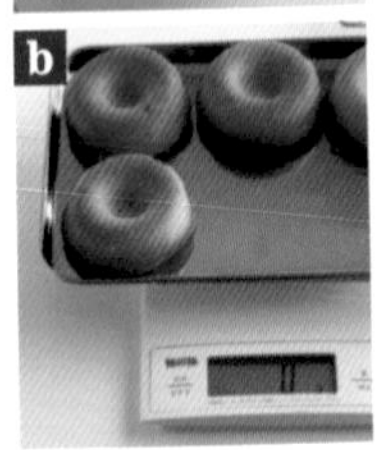
b

※用保鮮膜密封包裹，置於陰涼處存放。等隔天入味後再品嘗會更美味，需在2天內食用完畢。

奶油蛋糕（分蛋打發的磅蛋糕）

雖然本書的奶油蛋糕基本上都是以全蛋打發製作，但其實分蛋打發也很常見。
驗證③（P.98～99）做了全蛋打發（基本）與分蛋打發的比較，
驗證④（P.100～101）則是刊載了能用分蛋打發麵糊製作的美味糕點食譜。
這裡會詳細解說如何用基本的分蛋打發製作奶油蛋糕。

材料

12cm×6cm×高6.5cm磅蛋糕烤模 1組

材料	份量
發酵奶油	60g
微粒子精製白糖	30g
蛋黃	20g
┌ 蛋白	40g
└ 微粒子精製白糖	25g
低筋麵粉（紫羅蘭）	60g

準備作業

- 奶油回溫變軟（參照P.28）
- 蛋白冰過備用
- 低筋麵粉篩過備用（參照P.28）
- 混合5g高筋麵粉（分量外）與10g奶油（分量外），用毛刷塗抹模型，冰過備用（參照P.91）。

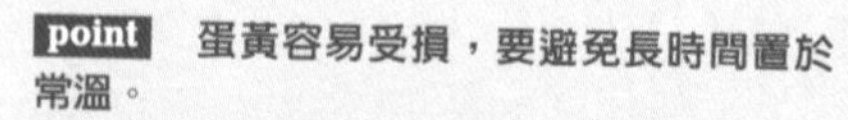

point **蛋黃容易受損，要避免長時間置於常溫。**

- 蛋黃要先從冷藏取出片刻後再使用。

point **有些模具單純塗抹奶油可能會更容易脫模。**

作法

［製作麵糊］

1

將所有微粒子精製白糖加入放有奶油的料理盆中，以打蛋器充分磨拌到稍微變白。

2

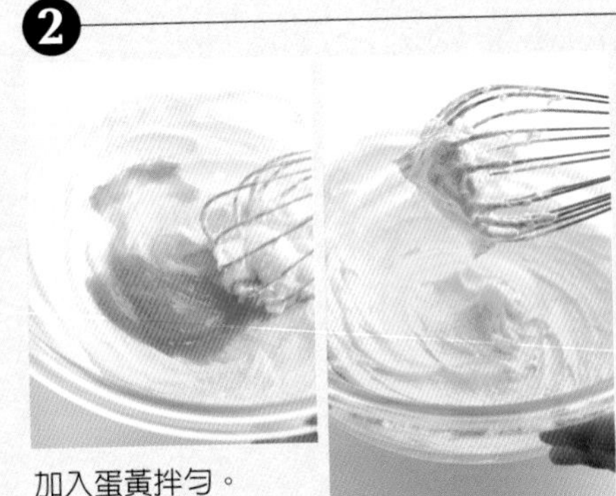

加入蛋黃拌勻。

只要像圖片一樣看不見砂糖顆粒，麵糊稍微變白即可，無需攪拌到太過黏稠。

3

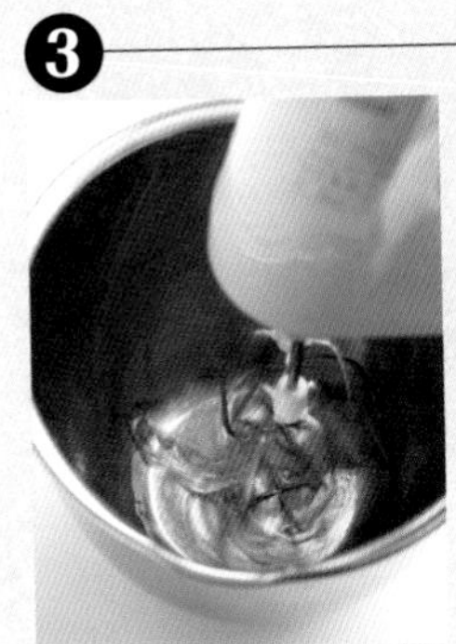

將蛋白倒入另一只料理盆，以手持式打蛋器低速打發。

point 使用冰過的新鮮蛋白。

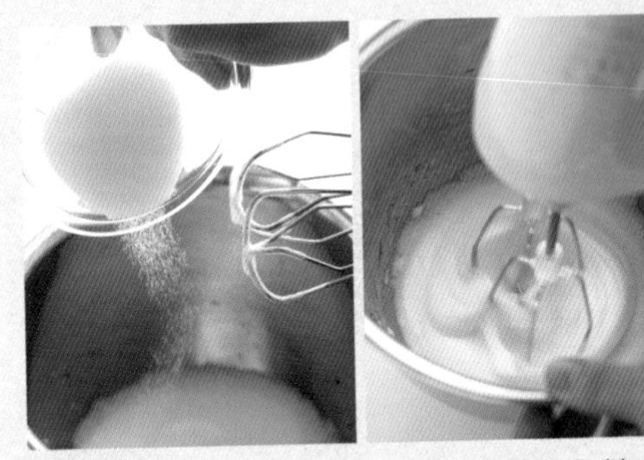

整個變成泡沫狀後，將25g精製白糖加入其中的⅓，並以低速打發。再將剩餘的糖加入一半，以低速打發。

4

加入所有剩餘的精製白糖，以低速打發。打到像圖片一樣能夠翹起尖角。

取⅔的❹蛋白霜加入❷麵糊中，用打蛋器攪拌。

point 注意❷的麵糊溫度。太冰的話較難與蛋白拌勻。

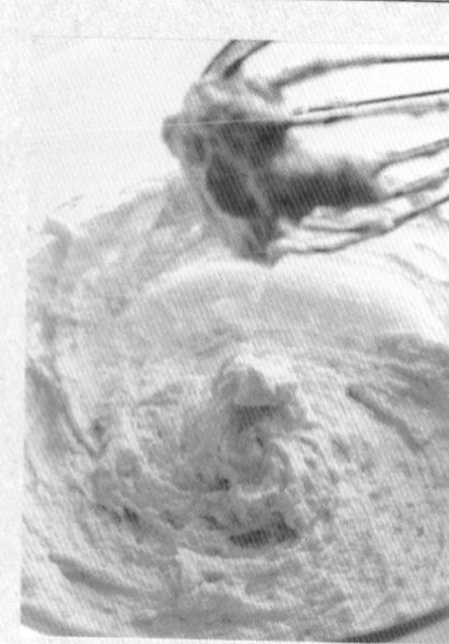

拌到看不見蛋白霜即可。

point 攪拌不可過與不足。

再次將低筋麵粉邊篩邊加入，用刮刀縱切的方式，從盆底撈起麵糊仔細拌勻，直到看不見粉末。

❼

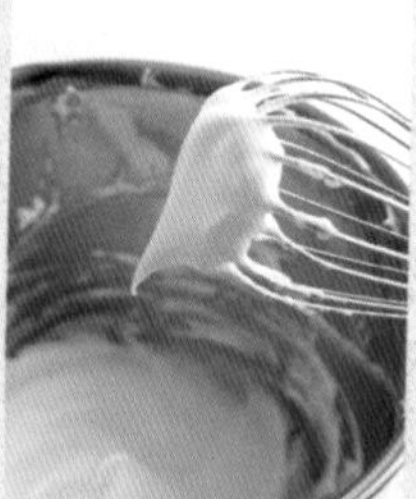

用打蛋器不斷攪打剩餘的蛋白直到翹起尖角，接著加入❻拌勻。

攪拌至看不見蛋白霜。

point 混合時不可讓蛋白霜消泡。

[填入烤模]

將❼的麵糊用刮刀填入模型中。以湯匙整平表面，從高10cm處往下敲放烤模，敲掉麵糊與烤模間的縫隙（參照P.93全蛋打發的磅蛋糕作法步驟❻）。

point 擠花袋會受手的熱度影響，這裡並未使用，但若製作量較大時，使用擠花袋作業會較有效率。

[烘烤]

放入160℃烤箱烘烤20分鐘，烤盤轉向後再烤10分鐘。出爐後稍微放涼再脫模。

※用保鮮膜密封包裹，置於陰涼處存放。油氧化會改變奶油風味，因此要在2～3天內食用完畢。

Lesson 06

瑪德蓮

Madeleine

瑪德蓮

Madeleine

使用蜂蜜讓瑪德蓮的口感變濕潤。
靜置一晚再烘烤，
能讓麵糊整體更融合，成品口感也會更濕潤。
在檸檬酸味的幫助下，能享受到清爽餘味。
瑪德蓮剛出爐的外酥內軟
是自己做才有辦法享受到的對比口感。

材料

63mm×63mm左右的貝殼烤模（9連）

全蛋	60g
蜂蜜	10g
微粒子精製白糖	50g
中高筋麵粉（法國粉）	60g
泡打粉	3g
發酵奶油	70g
檸檬汁	20g
檸檬皮	1顆（1g）

point 糖的部分可以改用上白糖，同樣能讓成品濕潤。但上白糖會更甜，也更容易烤出顏色。

point 蜂蜜是為了讓成品更濕潤，也更容易烤出顏色。

準備作業

- 中高筋麵粉、泡打粉一同篩過備用（參照P.28）
- 用鹽搓揉檸檬表面後洗淨，以餐巾紙擦乾水分
- 在烤模塗抹奶油（分量外）

point 發酵奶油的氣味容易改變，因此塗抹模型時，改用無鹽的非發酵奶油。

[混合材料]

1

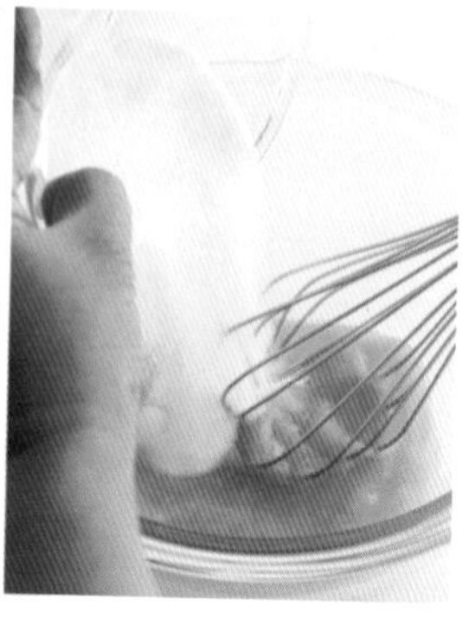

將全蛋倒入料理盆，加入蜂蜜、微粒子精製白糖，用打蛋器攪拌均勻。

2

再次將粉料邊篩邊加入並混合。用打蛋器寫愈來愈大的「の」字，讓粉料分散混勻。

point **粉料加入液體時容易結塊，因此要由內往外，貼著料理盆邊緣慢慢將粉料刮下的方式拌勻。**

3

奶油放入另一只料理盆，並將盆子浸入熱水，將奶油融化備用，溫度約為60℃。

4

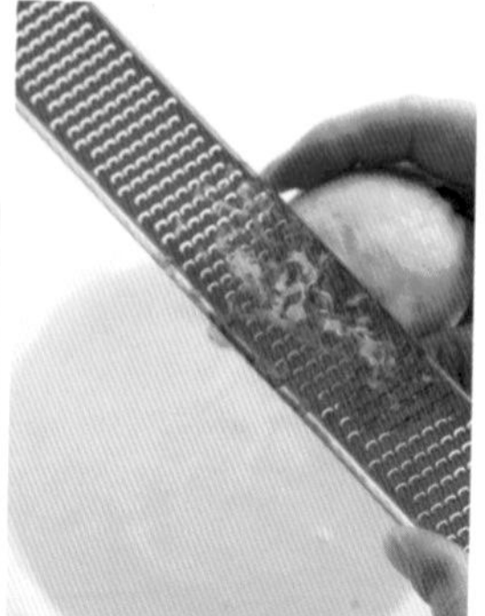

加入檸檬汁混合，接著用刨刀刨入檸檬皮拌勻。

5

在❹加入❸的奶油，用打蛋器寫愈來愈大的「の」字拌勻。

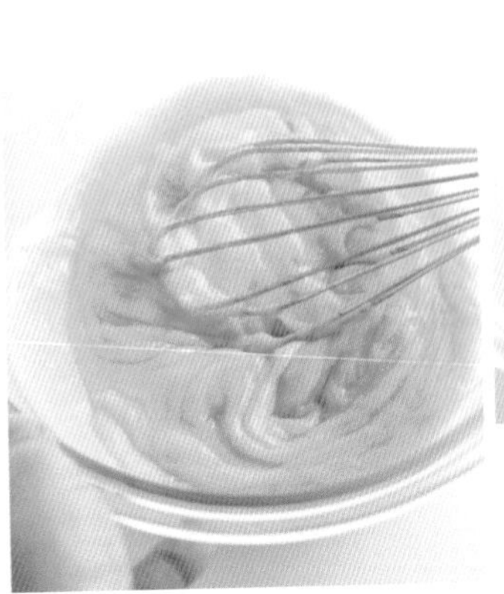

拌至整個融合，且帶有光澤。

point ❹的麵糊比重與奶油不同，因此較難拌勻。寫完「の」字後，再轉動料理盆，讓麵糊能通過鋼絲間，以撈拌的方式混合麵糊與奶油。

[靜置麵糊]

蓋上保鮮膜，靜置冰箱冷藏半小時～1小時（盡可能冰一晚）。

point 靜置時間太短的話，麵糊熟成不足，可能就無法將所有麵糊填入烤模中。

[填入烤模]

將靜置後的麵糊攪拌均勻，烤模擺放於磅秤後，將麵糊填入模具中。

point 每個瑪德蓮的重量為29g，將麵糊填入所有模穴中。邊秤邊填的大小會較一致。

[烘烤]

放入160℃烤箱烘烤12分鐘，烤盤轉向後再烤3分鐘。

[放涼]

從高10cm處往下敲放烤模，會更容易讓成品脫模。立刻從烤模取出，擺放於散熱架。

※可在前一天先將麵糊填入烤模中冷藏存放，並於隔天烘烤。

※出爐隔天的成品會變得相當濕潤。放入密閉容器，存放於陰涼處。油氧化會改變奶油風味，因此要在3～4天內食用完畢。雖然還是可以食用，但風味會逐漸變差。

驗證①

Vérification No.1

麵糊不靜置直接烘烤
與靜置2天再烘烤的成品
會有何差異？

糕體融合程度不同

說到瑪德蓮，大多數的食譜都是將麵糊靜置一晚後再烘烤。

我試著比較了靜置一晚再烘烤，不靜置直接烘烤，以及靜置2天再烘烤的成品會有何差異？

依照基本作法（P.106～109），將作法統一如下。

- **為了方便驗證，不添加檸檬皮，並使用瓶裝檸檬汁統一味道。**

不靜置直接烘烤的瑪德蓮口感會比基本作法的更輕盈。從成品切面也可明顯看出較蓬鬆。

靜置2天再烘烤的瑪德蓮質地會比基本作法的更細緻，口感更濕潤。檸檬風味則較為薄弱。

瑪德蓮的麵糊靜置熟成能使整體更融合，靜置時間愈久，口感就愈濕潤，但檸檬風味也會隨之減弱，因此靜置一晚算是最剛好。

話說回來，瑪德蓮本來就是能在家輕鬆製作的糕點，各位只需根據自己喜愛的口感、風味，決定是否靜置麵糊，以及靜置的時間長短。

依照基本作法（P.106～109），
靜置一晚再烘烤的成品

不靜置直接烘烤的成品

靜置2天再烘烤的成品

驗證②

Vérification No.2

烘烤時，不同的麵糊溫度是否會對成品帶來差異？

回溫後再烘烤的成品邊緣稍硬，帶有爽脆口感

這裡比較了靜置一晚直接烘烤（冰冷麵糊）與靜置一晚回溫後再烘烤（常溫麵糊）的成品差異。換句話說，就是要驗證烘烤時，麵糊溫度會對烤出爐的成品帶來什麼影響。

依照基本作法（P.106～109），將作法統一如下。

- **為了方便驗證，不添加檸檬皮，並使用瓶裝檸檬汁統一味道。**

與基本作法的冰冷麵糊相比，麵糊回溫後再烘烤的成品較能享受到爽脆口感，同時也會發現邊緣稍硬。

這應該是常溫麵糊讓成品更快烤熟的緣故。外觀雖然與驗證①「麵糊不靜置直接烘烤（P.110～111）」的結果相似，但回溫麵糊的材料更融合，成品也更濕潤。從切面來看，膨脹程度較不明顯。

冰冷麵糊的成品較容易烤出凸肚臍。這或許是因為當邊緣開始烤硬成型時，冰冷麵糊與常溫麵糊的導熱程度不同，因此常溫麵糊會比較快烤硬成型。

各位不妨依照自己喜愛的口感，決定是否要靜置麵糊，以及靜置後是否要回溫。

依照基本作法（P.106～109），
靜置一晚且未回溫直接烘烤的成品

靜置一晚並等待回溫後烘烤的成品

驗證③

Vérification No.3

粉料留到最後加入的話？

成品變得濕潤 且檸檬風味強烈

油脂會影響麩質的形成。
基本作法（P.106～109）是
「全蛋→蜂蜜→精製白糖→粉料→檸檬汁→融化奶油」，將奶油留到最後加入，如果改變順序，會出現怎樣的差異呢？

依照基本作法（P.106～109），將作法統一如下。

❶ **麵糊靜置冷藏一晚後，不回溫直接烘烤。**

❷ **為了方便驗證，不添加檸檬皮，並使用瓶裝檸檬汁統一味道。**

改變順序，將粉料留到最後加入麵糊的步驟如下。

● **依照「全蛋→蜂蜜→精製白糖→檸檬汁→融化奶油→粉料」順序加入拌勻。**

兩者的硬度與口感並沒有太大差異，但檸檬風味強度卻明顯不同。粉料留到最後加入拌勻的檸檬風味強烈許多。
一般認為，加入油脂後麩質會不易形成，因此先放油脂（粉料留到最後放入拌勻的麵糊）的話，攪拌過程中應該就就不容易形成麩質（參照P.14）。

不同的添加順序，會讓瑪德蓮的檸檬風味出現強弱差異。各位不妨依照自己想要的風味，決定材料的添加順序。

依照基本作法（P.106～109）製作的成品

粉料留到最後加入的成品

驗證④

Vérification No.4

使用融化奶油及軟化奶油
會有怎樣的差異？

使用軟化奶油的口感
就像奶油蛋糕一樣輕盈

為什麼瑪德蓮一般都是添加融化奶油呢？
我試著驗證了改加軟化奶油的話，會有什麼差異？

依照基本作法（P.106～109），將作法統一如下。

● **為了方便驗證，不添加檸檬皮，並使用瓶裝檸檬汁統一味道。**

使用融化奶油的基本食譜的材料添加順序為「全蛋→蜂蜜→精製白糖→粉料→檸檬汁→融化奶油」。
融化奶油就算留到最後加入也很好攪拌，但軟化奶油留到最後再加就會很難拌勻。

於是我將順序變更為「融化奶油→蜂蜜→精製白糖→全蛋→檸檬汁→粉料」，並以橡膠刮刀拌勻。

使用軟化奶油的成品就像奶油蛋糕（磅蛋糕）一樣輕盈，但其實這一點也不意外。這裡的作法與奶油蛋糕的作法（前著「狂熱糕點師的洋菓子研究室」P.48）幾乎一樣，由此可知，融化奶油或軟化奶油的狀態差異會使口感出現明顯改變。與基本作法相比，軟化奶油的成品似乎較沒有那麼濕潤。

使用融化奶油才能展現出瑪德蓮應有的口感與風味。
就請各位從口感、風味、最後殘留於口中的餘韻等層面，仔細思考究竟想要製作出怎樣的瑪德蓮，並決定要使用哪種奶油。

依照基本作法（P.106～109），
加入融化奶油的麵糊
添加融化奶油的成品
加入軟化奶油的麵糊
添加軟化奶油的成品

驗證⑤

Vérification No.5

用電熱烤箱烘烤的話？

口感稍微較粉，不易烤出顏色

我使用的旋風式烤箱是採用熱風對流設計。透過加熱器提高溫度，搭配烤箱內的風扇吹風使空氣對流，進而形成熱風。對流的熱風就像包住食材一樣加熱烘烤。旋風式烤箱的特色在於可分為一般加熱與熱風的兩階段加熱模式。
無論是瓦斯或電熱旋風式烤箱都備有上述熱源。
那麼，同為旋風式烤箱，瓦斯加熱與電氣加熱烤出的成品又會有怎樣的差異呢？於是我烘烤了相同的麵糊做比較。

依照基本作法（P.106～109），將作法統一如下。

- **為了方便驗證，不添加檸檬皮，並使用瓶裝檸檬汁統一味道。**

我將基本作法調製的麵糊，分別用瓦斯烤箱與電熱烤箱（皆為旋風式設計）烤至相同顏色，使用的溫度與時間如下。

- **瓦斯烤箱：160℃烘烤12分鐘，烤盤轉向後再烤3分鐘。**
- **電熱烤箱：180℃烘烤12分鐘，烤盤轉向後再烤3分鐘，接著再轉向烤3分鐘。**

用電熱烤箱烘烤後，瑪德蓮的凸肚臍較平滑，烤不太出顏色，且烤色較不均勻。口感則是帶點粉味，奶油風味薄弱。

瓦斯烤箱的火力明顯較強，能輕鬆烤出酥脆口感，烤出來的成品也會比電熱烤箱來的乾。此外，瓦斯烤箱變熱的速度很快，因此能縮短預熱時間。
電熱烤箱火力較弱，能輕鬆烤出較為濕潤的口感。因此若是烘烤要能保留住水分的Joconde海綿蛋糕，那麼使用電熱烤箱會較合適。不過，電熱烤箱的預熱時間較長，一旦打開烤箱，內部溫度就很容易下降。

我們經常會聽到烘烤時，電熱烤箱的溫度要比瓦斯烤箱高20～30℃較好的說法。但如果是烤箱空間較小，熱源與烘焙食材距離較近的機種，就必須另當別論了。
每款烤箱除了特色不同外，每一台的情況也會有所差異，即便是相同機種，使用頻率與使用期間等因素都會讓烤出來的成品有所不同，因此先充分掌握自己的烤箱狀態非常重要。

依照基本作法（P.106～109），
用瓦斯烤箱烘烤的成品

用電熱烤箱烘烤的成品

不同烤模能改變成品狀態

最近除了金屬材質，矽膠製的烤模也相當受歡迎。
就讓我們來烘烤瑪德蓮，看看成品有何差異。
這裡使用相同配方的麵糊，烘烤的時間與溫度也與基本作法相同。

不同材質的成品差異極大

金屬材質的導熱性佳，烤出來的顏色也很漂亮。矽膠製烤模的成品則是烤不太出顏色，不過成品質地軟綿，因此比較容易脫模。本書在食譜中雖然都列有準備作業的內容，但各位必須依照自己使用的烤模來做調整，確認哪些材質的烤模需要抹油、哪些需要撒粉。使用久了或許會出現加工塗層剝落，成品無法順利脫模，都需要特別留意。

另外，附著在烤模的糕點則是可以用熱水清洗，或是趁烤模還會燙的時候以餐巾紙擦拭。

瑪德蓮烤模會做成一模多穴，沒有填入麵糊空燒的話會使加工塗層劣化，因此烘烤時務必在所有模穴中填入麵糊。

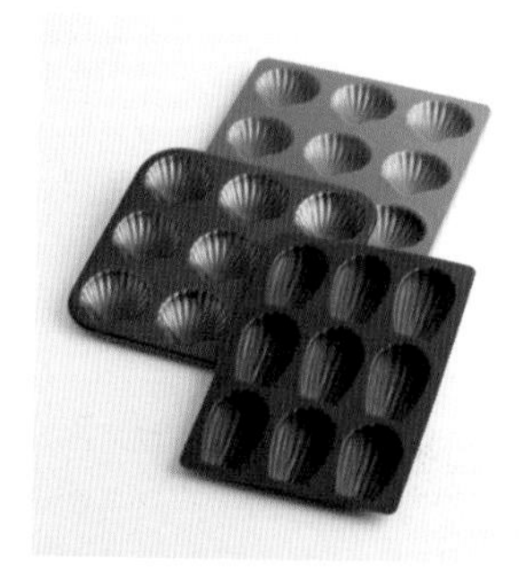

圖片最後方：鋁製＋氟素樹脂塗層
中間：不鏽鋼＋矽膠加工
右前方：矽膠製

烤模厚度也是關鍵因素

我試著比較了相同尺寸、不同厚度的烤模。薄層金屬的瑪德蓮烤模烤熟速度快，能輕鬆烤出顏色，因此要提前打開烤箱確認狀態，不可完全依照食譜列出的時間，但火力較弱的電熱烤箱或許就能按照食譜的時間。若烤盤的厚度較厚，搭配較薄的烤模就能讓導熱表現較柔和。

矽膠製烤模
烘烤的成品

不鏽鋼烤模
烘烤的成品
（基本作法P.106～109）

薄型金屬烤模
烘烤的成品

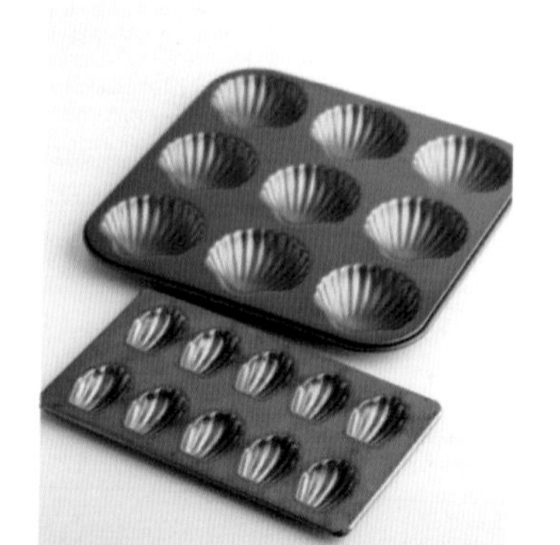

尺寸大小不同，就要調整食譜

就算是瑪德蓮的烤模，種類還是非常多樣。尺寸不同，烘烤時水分散逸的方式就不同，因此從大烤模換成小烤模時，就必須重新調整食譜。

Lesson 07

巧克力蛋糕

Gâteau au chocolat

巧克力蛋糕

Gâteau au chocolat

巧克力雖然濃郁，風味卻不會太過沉重。
只要巧克力、鮮奶油、奶油充分乳化後，
口感就會非常滑順，糕體的質地也會既綿密又濕潤。
蛋白霜不要打得太硬，就能烤出漂亮形狀。

材料

直徑15cm×高5cm烤模 1組

蛋黃……55g
微粒子精製白糖……50g
巧克力（可可含量55%）……75g
發酵奶油……55g
鮮奶油（乳脂含量36%）……55g
［蛋白……100g
微粒子精製白糖……50g］
低筋麵粉（紫羅蘭）……20g
可可粉（無糖）……45g

point 不同的可可粉品牌可能會讓烤出的成品顏色有差異。

準備作業

- 可可粉用濾茶網濾過。低筋麵粉、可可粉一同篩過備用（參照P.28）
- 蛋白冰過備用
- 烤模鋪好稻和半紙

point 比起烘焙紙，使用稻和半紙較不容易形成皺褶，還能保留適當水分，較有利保存。

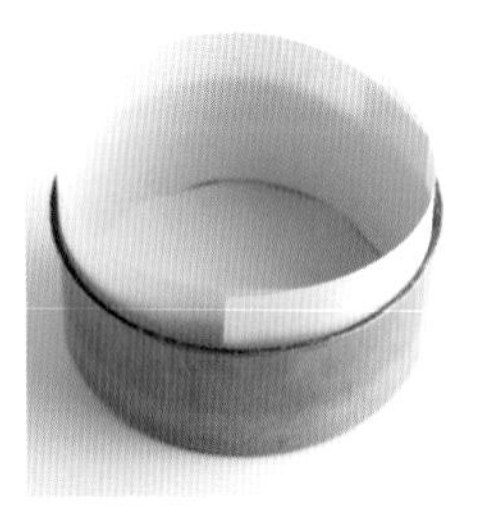

基本作法

［混合材料］

1

在裝有蛋黃的料理盆加入全部的精製白糖50g，用打蛋器打發到稍微變白。

point 料理盆斜放，用畫圓的方式以打蛋器攪拌。這樣蛋黃會自然滑落，能夠拌得更均勻。

［溫熱材料］

2

將巧克力、奶油分別裝盆，並將盆子浸熱水使材料融化，溫度皆為50℃左右。

point 溫度對於乳化非常重要。

point 巧克力容易焦掉，一定要先將熱水關火後，再隔水加熱。

3

將鮮奶油倒入耐熱容器，以500W微波爐加熱1分鐘以內，使溫度約為50℃，有飄出熱氣即可。

[製作蛋白霜]

❹

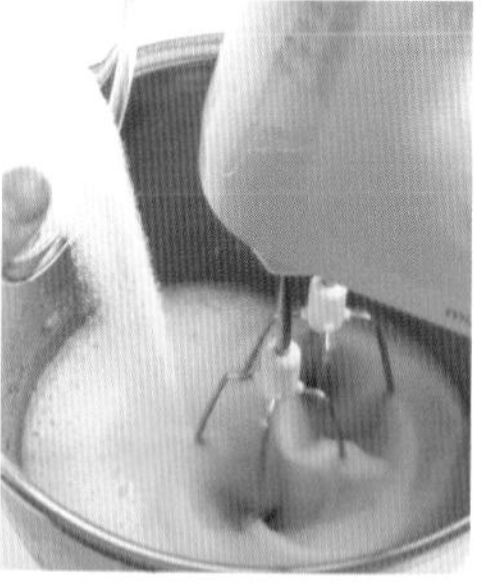

將蛋白倒入另一只料理盆，以手持式打蛋器中速打發到整個呈現泡沫狀。整個變成泡沫狀後，將50g精製白糖加入其中的⅓，並以低速打發。

point 使用冰過的新鮮蛋白。

❺

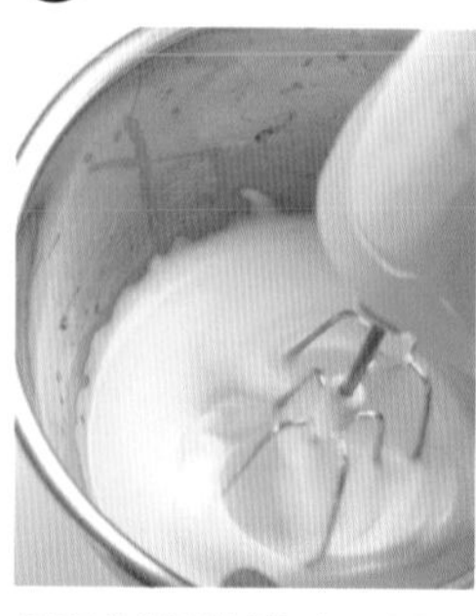

打至出現紋路時，再分2次加入剩餘的糖，每次都要打發。

要製作成拿起打蛋器雖然會滴落，但已經能看見底部紋路，稍微柔軟的蛋白霜。

point 打發蛋白霜基本上都要隔著冰水，但這次省略此步驟。因為巧克力為主材料的麵糊與冰冷蛋白霜混合時，會使麵糊溫度下降，導致巧克力收縮，進而影響膨脹狀態。

point 不會隨意流動的硬度，但也不會太蓬軟。過度打發有時會造成成品出爐時裂開（參照P.128～129驗證②）。

[麵糊再次攪拌黏稠]

❻

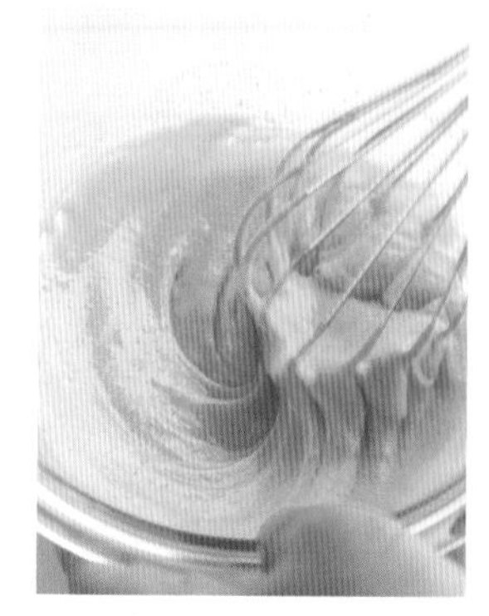

再將❶的蛋黃麵糊用打蛋器畫圓攪拌到變黏稠。

[拌勻材料]

❼

繼續將❷融化的巧克力料理盆浸在熱水中，分3次加入❸的鮮奶油，每次都要用打蛋器充分攪拌到乳化。反覆完成上述步驟。

point 繼續將料理盆浸在熱水中，才能避免巧克力冷掉。

point 攪拌的同時一定要感受得到乳化（＝沉重感）。乳化的麵糊在攪拌時會有沉重感，手感上帶有阻力。乳化的巧克力則是會出現光澤。確認有無乳化的重點在於料理盆斜放時，巧克力是否會滑落。有時乍看之下已經乳化，但只要靜置一段時間就會分離（參照P.13）。若這裡沒有攪拌到充分乳化，接下來加入奶油時就會分離。

❽

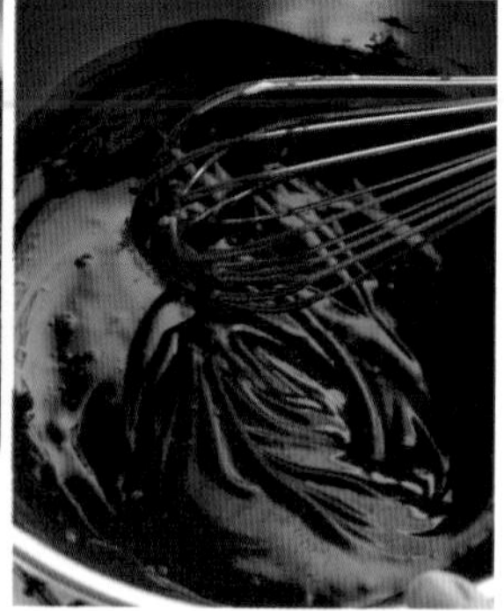

分5～6次加入融化的❷奶油，每次都要攪拌到乳化。

point 分離時，需採取下列任一種方法。

・追加鮮奶油（5～10g），攪拌至乳化。

・等到完全分離成兩層後，再用打蛋器從中間慢慢攪拌乳化。

無論是用哪種方法，都要等到溫度上升後，再進入步驟❾。

9

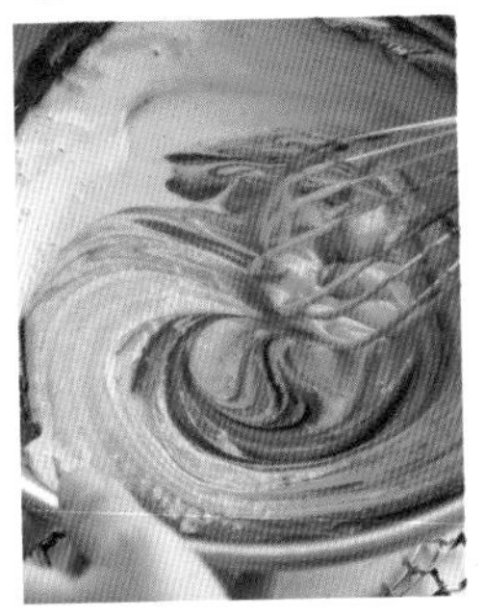

一次加入全部的❻蛋黃麵糊，從內側畫圓攪拌約10次。

point **轉動料理盆，讓麵糊能通過鋼絲間，以撈拌的方式混合麵糊與巧克力。**

10

加入⅔的❺蛋白霜後輕拌。

point **麵糊與蛋白霜不用完全混合，只要帶有大理石花紋路即可。**

11

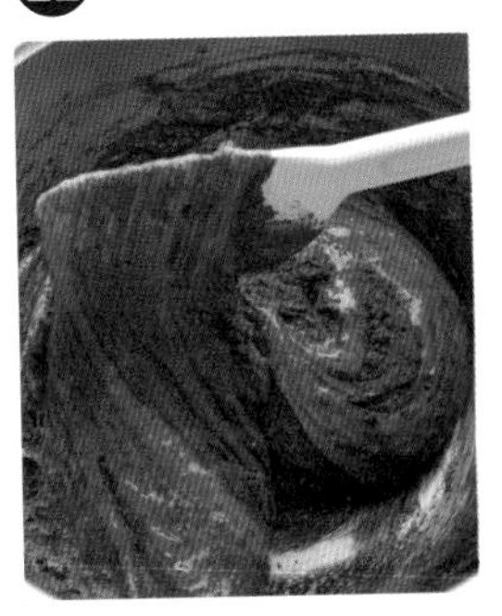

再次將粉料邊篩邊加入，用橡膠刮刀從盆底迅速撈拌混合。邊轉動料理盆，邊用寫「J」的方式，從盆底中間撈刮麵糊，碰到盆子邊緣後翻回。

point **粉料容易吸收水分，因此攪拌要迅速，這時一起轉動料理盆，才能拌勻所有材料。**

12

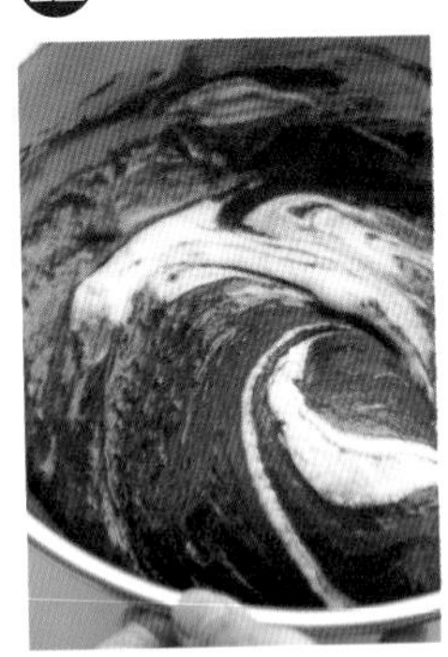

拌到看不見粉末時，加入剩餘的蛋白霜，並從盆底撈拌混合。

[倒入烤模]

13

壓低麵糊倒入烤模時的高度，整平表面。麵糊顏色較深的部分代表已經消泡，直接烘烤可能會使該處凹陷，因此要用刮刀輕輕拌勻表面。

point **倒入烤模時，可以用刮刀將盆底的麵糊刮乾淨，透過麵糊本身的重量填入模具中。**

[烘烤]

14

放入160℃烤箱烘烤20分鐘，烤盤轉向後再烤10分鐘，接著再轉向烤10分鐘。

point **烘烤程度不夠可能會使成品腰縮。**

[放涼]

15

烤模連同蛋糕先放涼，脫模後，可依個人喜好佐上現打的鮮奶油。

※出爐後放至隔天會明顯變得更濕潤。放入密閉容器，置於陰涼處存放。油氧化會改變奶油風味，因此要在3～4天內食用完畢。雖然還是可以食用，但風味會逐漸變差。

驗證 ①

Vérification No.1

巧克力與奶油一起融化製作的話？

油脂風味、濕潤感及輕盈度會有差異

巧克力蛋糕最常見的作法就是將巧克力與奶油一起融化後，再和鮮奶油拌勻。但用這個方法混合巧克力、奶油與鮮奶油的話，較難攪拌出阻力，無法達到明顯乳化。這時，如果添加具備乳化劑功能，內含卵磷脂的蛋黃，就能呈現充分乳化的狀態。

本書的基本作法是先讓巧克力與鮮奶油乳化後，再添加融化奶油使其乳化，最後加入打發的蛋黃。

於是我試著驗證了在添加蛋黃之前，有無乳化對成品會有怎樣的影響。

依照基本作法（P.122～125），將作法統一如下。

❶ 巧克力與奶油隔熱水浸至50℃左右。

❷ 統一要蛋白要打發時的溫度（10℃左右）。

❸ 統一蛋白的打發方式、拌勻粉料的次數以及加入剩餘蛋白霜的次數。

基本作法是將巧克力與奶油分別隔熱水浸至融化→將鮮奶油加入巧克力充分攪拌乳化→加入奶油，拌至手感帶有阻力的乳化程度，接著逐次加入蛋黃麵糊攪拌→⅔蛋白霜→粉料→剩餘蛋白霜，每次都要拌勻。此作法的成品外表雖然爽脆，糕體卻非常綿密細緻，充滿濕潤感。這裡的濕潤表現則是取決於乳化程度。

未乳化的麵糊作法則是將巧克力與奶油一起隔熱水浸至融化後，再加入鮮奶油拌勻。不過這時就算攪拌也不會乳化，與基本作法相比，麵糊相對更稀。添加順序與基本作法一樣，都是蛋黃麵糊→⅔蛋白霜→粉料→剩餘蛋白霜，且每次都要拌勻。這樣的成品感覺較苦，但巧克力風味薄弱。由於沒有乳化，因此糕體稍微塌陷，結構也感覺較脆弱鬆散。

這也讓我們知道，乳化與否是影響巧克力蛋糕最關鍵的環節。

依照基本作法（P.122～125），
先將巧克力與鮮奶油打到明顯乳化後，
再與奶油拌勻的麵糊

以上述作法烤出的成品

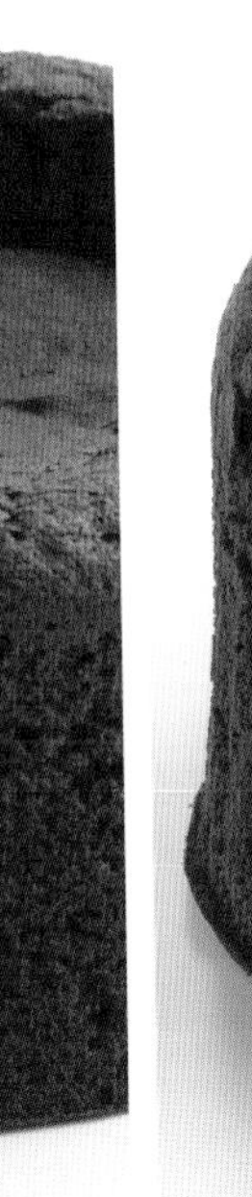

巧克力與奶油一起融化後，
再加入鮮奶油拌勻的麵糊

以上述作法烤出的成品

驗證②

Vérification No.2

蛋白霜硬性打發的話？

成品輕盈，
稍微偏乾

製作巧克力蛋糕最重要的就是巧克力、鮮奶油與奶油的乳化（P.124、126～127），以及蛋白霜的打法。
關於蛋白霜，一般都會認為一定要充分打發，但其實並非所有情況都要使用充分打發的蛋白霜。

依照基本作法（P.122～125），將作法統一如下。

❶**巧克力與奶油隔熱水浸至50℃左右**。
❷**統一要蛋白要打發時的溫度（10℃左右）**。

硬性打發的蛋白作法如下。

● **蛋白確實打發到會留下紋路**。

麵糊混合硬性打發的蛋白霜經烘烤後，成品的膨脹程度會比基本作法更明顯，口感輕盈卻又稍微偏乾。
由於蛋白霜夾帶著大量空氣，減弱了濕潤表現。

蛋白霜的打發程度也必須隨著巧克力的可可含量做調整，各位可以參考驗證③（P.130～131）的內容。

另外，打發蛋白霜基本上都要隔著冰水，但這次省略此步驟。因為巧克力為主材料的麵糊與冰冷蛋白霜混合時，會使麵糊溫度下降，導致巧克力收縮，進而影響膨脹狀態，因此這裡選擇以不浸冰水的方式打發蛋白霜。

巧克力、奶油及鮮奶油乳化後的麵糊與蛋白霜的平衡表現，會為成品糕體帶來變化。另外，也會因為巧克力的可可含量以及鮮奶油的乳脂含量不同而有所差異。

這也意味著我們很難直接說出哪種蛋白打發程度比較好。
各位不妨思考想要做出怎樣的巧克力蛋糕，希望糕體與味道能有怎樣的平衡表現，決定蛋白霜的打發程度。

適度打發的蛋白霜

硬性打發的蛋白霜

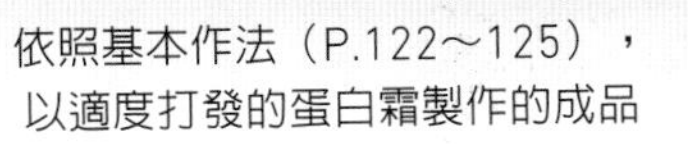

依照基本作法（P.122～125），
以適度打發的蛋白霜製作的成品

以硬性打發的蛋白霜製作的成品

驗證 ③

Vérification No.3

改變巧克力
可可含量的話？

濕潤感與糕體上膨
程度不同

每個人對巧克力各有喜好。
於是我驗證了改變可可含量會有怎樣的差異。

這裡使用基本作法的55%巧克力以及70%巧克力，比較不同巧克力可可含量所帶來的差異。

統一以基本作法（P.122～125）的步驟製作。

可可含量是加總可可塊、可可脂、可可粉等，以可可為原料的材料算出的數值，會以百分比來顯示巧克力所含的可可比例。若可可含量為70%，就是一般所說的High Cacao，甜度更是壓得非常低。

以70%巧克力製作時，由於蛋白霜硬度是採用基本作法，因此可以推測糕體會膨起到非常鬆軟。如果要讓成品膨脹到能夠裂掉，就必須使用比基本作法更硬的蛋白霜。

此外，成品的巧克力風味強烈，口感濕潤。從切面來看感覺較密實，糕體的外觀類似驗證①（P.126～127、巧克力與奶油一起融化製成的麵糊）的成品。

各位或許會想用自己喜愛的巧克力，但巧克力的種類與可可含量會影響糕體成品。乳化製作時，一旦巧克力的可可含量較高，除了需要較多乳化所需的水分（這裡是指鮮奶油），還要考量甜度。巧克力會影響糕體成品外，鮮奶油的乳脂含量、蛋白霜的打法都是影響因素。

各位不妨參考驗證內容，在追求理想口感與風味的同時，找出適合自己的巧克力。

依照基本作法（P.122～125），
使用55%巧克力的成品

使用70%巧克力的成品

關於巧克力

無論是溫度管理或攪拌方法，處理巧克力的難度其實很高。
保存方法也會使風味出現明顯差異。
這裡想跟各位分享一些內容，讓巧克力能存放更久，同時確保美味。

巧克力劣化速度快

打開巧克力那一瞬間的味道與香氣最佳，口感也非常滑順。巧克力融化後雖然還能再次使用，直到全部用盡，但當中所含的香氣成分卻會隨時間經過而消逝，或是附著周圍的各種氣味，導致巧克力劣化。

此外，多次用微波爐加熱融化的巧克力除了質地會變濃稠，口感變差外，也會影響在口中融化的感覺。

可可同樣會在開封後隨著時間經過褪色，風味也逐漸消失。

建議購買巧克力時，挑選可隔絕空氣與光線的鋁箔袋包裝，較能維持保存狀態。

於存貨周轉率較好的店家購買才能買到夠新鮮的商品，這點不妨也請各位多加留意。

最合適的保存方法？

巧克力開封後的味道與香氣會隨之劣化，因此盡可能購買能夠使用完的用量。巧克力務必密封保存，並注意溫度管理。

為了避免巧克力吸附周圍的各種氣味，務必放入密封袋中。接著放入遮光袋，若有封口機，抽成真空會更完美。抽真空時，過度抽氣會巧克力全部結成一塊，因此只要稍微抽掉空氣，從外面觸摸時還能知道巧克力的形狀即可。沒有封口機的話，則是放入密封袋，並盡量擠掉空氣。

溫度變化會使巧克力劣化，當室溫可能會超過30℃時，建議改存放於冰箱冷藏。如此一來還能預防巧克力表面變質凝結成白色的「油斑」。從冰箱冷藏取出時，外部水分會讓包裝表面結霜，因此回溫後一定要擦拭表面，再從袋中取出巧克力。

Lesson 08

布列塔尼布丁蛋糕

Far breton

布列塔尼布丁蛋糕

Far breton

布列塔尼布丁蛋糕原文（Far Breton）的「Far」是指粥，
「Breton」是指布列塔尼風格的意思。
表面烤出酥脆的漂亮顏色又充滿香氣，裡頭則是Q彈有嚼勁，
不僅是最接近可麗露的口感，還會讓人聯想到口感較硬的布丁。
香草莢與萊姆酒的香氣四溢，是非常成熟的滋味。
口感的秘密則在於加入中高筋麵粉後，要充分攪打。
形成麩質後，就會是充滿嚼勁的糕體。

材料

直徑17.5cm×高4.5cm圓形蛋糕模 1組

全蛋……90g
微粒子精製白糖……50g
中高筋麵粉（法國粉）……50g
香草莢……½條
鮮乳……215g
鮮奶油（乳脂含量36%）……25g
萊姆酒……10g
發酵奶油……15g
萊姆酒漬黑棗＆葡萄乾
（參照下述作法）
……黑棗8顆＆葡萄乾18顆

point 想透過麵粉讓糕體更Q彈，因此建議使用中高筋麵粉。

◆ 萊姆酒漬黑棗＆葡萄乾
（容易製作的份量）

黑棗乾……500g
葡萄乾……100g
萊姆酒……400g

使用差不多能蓋過黑棗乾與葡萄乾的萊姆酒量，浸到黑棗稍微變軟（盡量浸一晚）。

準備作業

● 劃開香草莢，刮出香草籽，連同香草莢一起放入鮮奶與鮮奶油中，使其入味

● 奶油切碎備用

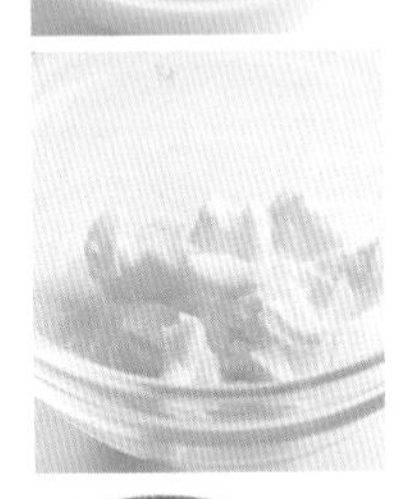

● 在烤模塗抹奶油（分量外），接著撒滿裝飾糖（分量外，底部要撒比較多）冰過備用

point 撒入顆粒較粗的裝飾糖能夠享受到脆硬口感。

● 用濾網撈起黑棗乾與葡萄乾瀝掉汁液

[混合材料]

1

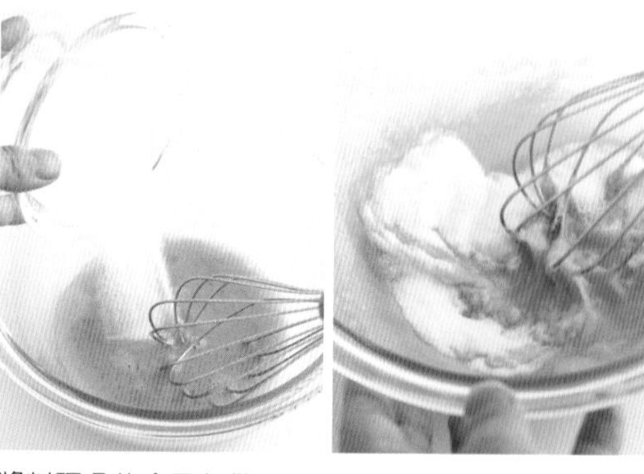

將料理盆的全蛋打散，加入全部的精製白糖，用打蛋器拌勻。

2

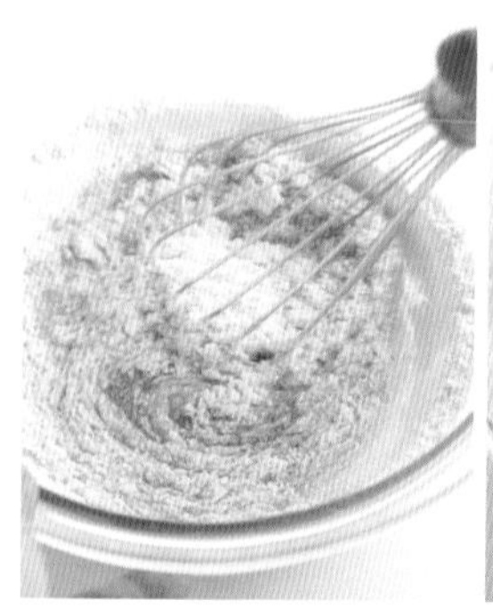

將中糕筋麵粉邊篩邊加入，以從中間畫圓的方式充分攪拌。

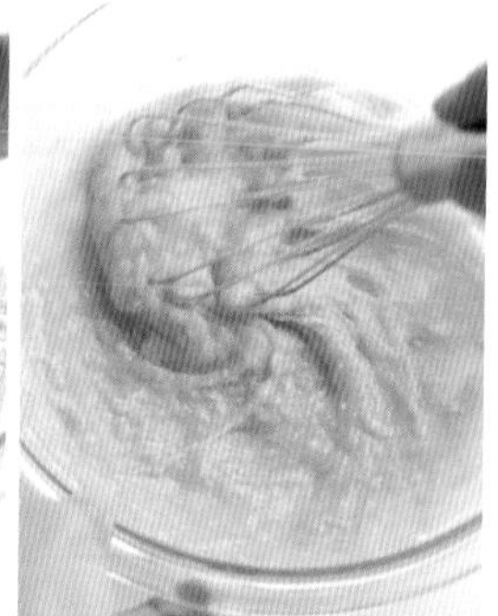

攪拌約60次的狀態。

感覺阻力變大時，改用手抓握立起打蛋器，繼續畫圓攪拌。

攪拌約120次的狀態。這時麵糊會明顯出現光澤。

3

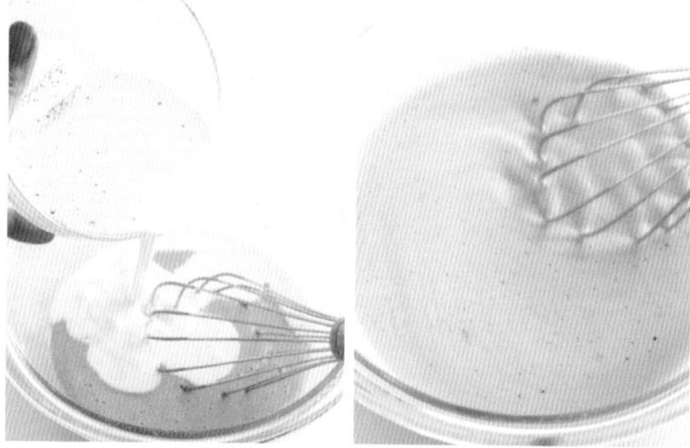

拿起香草莢，倒入鮮奶與鮮奶油後拌勻，接著加入萊姆酒拌勻。

[倒入烤模]

4

將麵糊倒入烤模。

加入萊姆酒醃漬過的8顆黑棗乾與18顆葡萄乾，並撒入奶油切塊。

[烘烤]

5

放入180℃烤箱烘烤20分鐘，烤盤轉向後再烤10分鐘，接著再轉向烤5分鐘。將成品連同模具置於散熱架5分鐘左右。

[脫模]

6

趁熱脫模。將戚風蛋糕脫模刀插入烤模側邊與糕體之間並轉一圈，要插到模底，讓蛋糕脫離模具。

point 放涼後融化的裝飾糖會黏住模具導致無法脫模，要趁還會燙的時候作業，但也因溫度高，作業時務必戴手套。

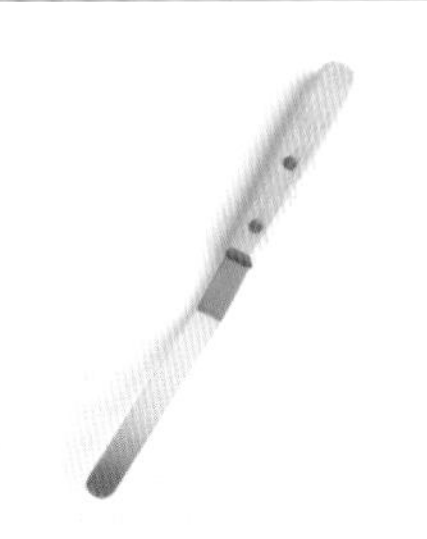

戚風蛋糕用的脫模刀呈L字形，厚度薄，前端細，能輕鬆取出布列塔尼布丁蛋糕。

覆蓋烘焙紙並將烤模翻面，讓蛋糕脫模。脫模後再蓋上烘焙紙翻回蛋糕。連同烘焙紙放置於散熱架放涼。

※放入密閉容器，置於陰涼處存放。裝飾糖會融化，務必當天食用完畢。

小型模具也能烤出布列塔尼布丁蛋糕！

烤成小塊雖然有損Q彈口感，卻較容易脫模，做起來更輕鬆。

材料

蛋形矽膠烤模
80mm×60mm×
高30mm 6穴

材料與準備作業同P.135。

作法

步驟❶～❸同P.136。將完成的麵糊分6份（68～70g）並倒入烤模。每穴分別加入萊姆酒醃漬過的2顆黑棗乾與3顆葡萄乾，並撒入奶油切塊。
放入180℃烤箱烘烤20分鐘，烤盤轉向後再烤10分鐘。將成品連同模具置於散熱架5分鐘後脫模。

驗證①

Vérification No.1

攪拌次數減半
並立刻烘烤的話？

雖然會膨脹，
但口感軟爛

布列塔尼布丁蛋糕的口感關鍵在於麩質，若改變加入中高筋麵粉後的攪拌次數，會烤出怎樣的成品呢？

依照基本作法（P.134～137），將作法統一如下。

● **為了方便驗證，不使用香草莢、發酵奶油與萊姆酒漬黑棗＆葡萄乾。**

基本作法在加入中高筋麵粉後，會攪拌120次並立刻烘烤。成品烤出來後整個膨脹，萊姆酒的芳醇香氣與糕體完全結合。

攪拌次數減為60次的話，與基本作法的120次相比，成品比預期的更膨，卻會快速凹陷，無法維持形狀。切分蛋糕時，下刀感覺較酥脆。萊姆香氣薄弱，口感缺乏基本作法的Q彈嚼勁，吃起來很塌軟、軟爛。

攪拌次數少的話，會較難形成麩質，導致強度偏弱，無法出筋，因此就算膨脹起來，也無法維持住形狀。口感表現上更是稍嫌薄弱。

各位不妨依照自己喜歡的口感，找出最適合的攪拌次數。

依照基本作法（P.134～137），
攪拌120次的成品

攪拌60次的成品

※切面圖片為出爐5分鐘後，脫模時所拍攝。

驗證②

Vérification No.2

麵糊靜置一晚再烘烤的話？

會增加Q彈感

製作布列塔尼布丁蛋糕時，有時也會將麵糊靜置一晚後再烘烤。這又會產生怎樣的差異呢？

於是我比較了依照基本作法（P.134～137），加入中高筋麵粉後攪拌120次並立刻烘烤，以及麵糊靜置一晚後再烘烤的成品。

依照基本作法（P.134～137），將作法統一如下。

● **為了方便驗證，不使用香草莢、發酵奶油與萊姆酒漬黑棗＆葡萄乾。**

靜置一晚後，底部的麵糊會變黏稠，拌起來帶有阻力。

烘烤靜置一晚的麵糊時，會發現膨脹程度較不明顯，但烤出來的邊緣輪廓相當清晰。表面則是發亮帶光澤。

切分蛋糕時，下刀會感覺到Q彈感。口感比基本作法更有嚼勁，但蛋糕上下半部的口感卻有落差，且萊姆酒香氣薄弱。

正如P.14有關麩質的敘述內容，麵粉與水混合後，只要靜置就能形成麩質。

換句話說，靜置一晚的話就能促進麩質形成，提升糕體強度，也讓邊緣輪廓更清晰。至於成品表面會發亮帶光澤，則可能是因為有將材料全部融合拌勻的緣故。

就請依照自己喜歡的口感，決定是否要靜置麵糊吧。

依照基本作法（P.134～137），
立刻烘烤的成品

靜置一晚再烘烤的成品

※切面圖片為出爐5分鐘後，脫模時所拍攝。

驗證③

Vérification No.3

攪拌次數減半，靜置後再烘烤的話？

會增加Q彈口感

從驗證①與驗證②的結果可以得知，混合麵粉，也就是攪拌次數的多寡（P.138～139），以及麵糊是否靜置（P.140～141）都是促進麩質形成的關鍵。

那麼，準備兩種攪拌次數不同，但分別靜置過的麵糊，烘烤後又會出現怎樣的差異呢？
於是我比較了加入中高筋麵粉後攪拌120次並靜置一晚，以及加入中高筋麵粉後攪拌60次並靜置一晚的成品差異。

依照基本作法（P.134～137），將作法統一如下。

● **為了方便驗證，不使用香草莢、發酵奶油與萊姆酒漬黑棗＆葡萄乾。**

兩者皆有下述特徵。

- 底部的麵糊會變黏稠，拌起來帶有阻力。
- 烤出來的邊緣輪廓相當清晰。
- 出爐後表面發亮帶光澤。
- 口感Q彈。

由此可知，無論攪拌次數多寡，只要麵糊靜置後，就能增加成品本身的Q彈口感。

各位可以思考想要哪種口感的布列塔尼布丁蛋糕，來決定拌勻麵粉的次數以及是否要靜置麵糊。

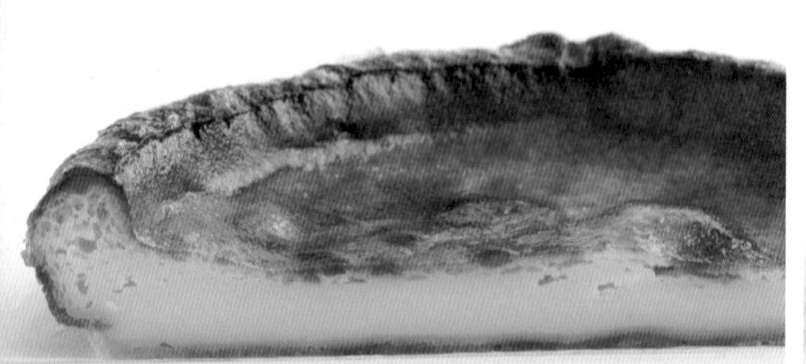

攪拌120次並靜置一晚再烘烤的成品

攪拌60次並靜置一晚再烘烤的成品

※切面圖片為出爐5分鐘後，脫模時所拍攝。

Lesson 09

法式鹹蛋糕

Cake salé

法式鹹蛋糕

Cake salé

鹹口味的蛋糕帶有些許黃芥末籽的酸味，
當作輕食或搭配葡萄酒再適合不過。
放入大量起司的同時，卻又不會讓口感太沉重，品嘗起來相當順口。
製作的訣竅在於用料理筷大致拌勻材料，避免形成麩質。
過度攪拌就會失去那輕盈的口感。
各位不妨搭配自己喜歡的餡料，輕鬆嘗試製作看看吧。

材料

20cm×8cm×高7cm磅蛋糕烤模 1組

◆ 麵糊

全蛋……120g
鮮奶……100g
鹽……一撮
黃芥末籽……25g
太白胡麻油……50g
帕馬森乾酪……50g
康堤起司……30g
黑胡椒……適量
低筋麵粉（特寶笠）……100g
泡打粉……5g

point 太白胡麻油的氣味比橄欖油淡，較不會影響到食材。

point 使用兩種起司的味道會更有深度，重點在於必須搭配風格較強烈的康堤起司。

point 推薦使用特寶笠，才能讓糕體表現更輕盈。

◆ 餡料

午餐肉……90～100g
洋蔥……¼顆（50g）
蘑菇……1盒（100g）
櫛瓜……¼條（90g）
太白胡麻油……適量

準備作業

- 磨碎康堤起司與帕馬森乾酪，放入冷藏備用
- 低筋麵粉、泡打粉一同篩過備用（參照P.28）
- 烤模鋪好烘焙紙

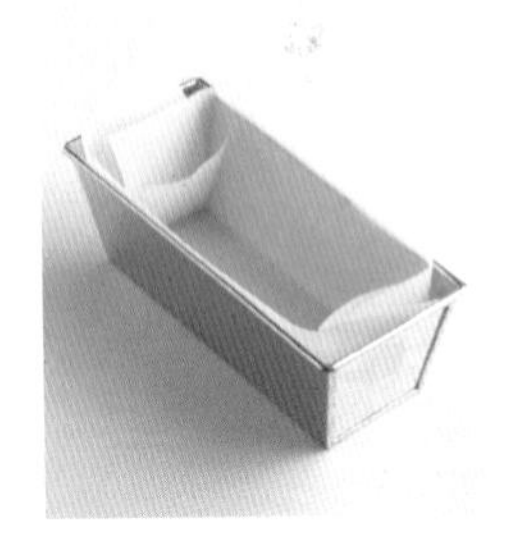

[準備餡料]

❶

洋蔥、蘑菇切薄片，櫛瓜切成10mm塊狀，以太白胡麻油炒過後放涼。午餐肉切成15～20mm塊狀。

[混合材料]

❷

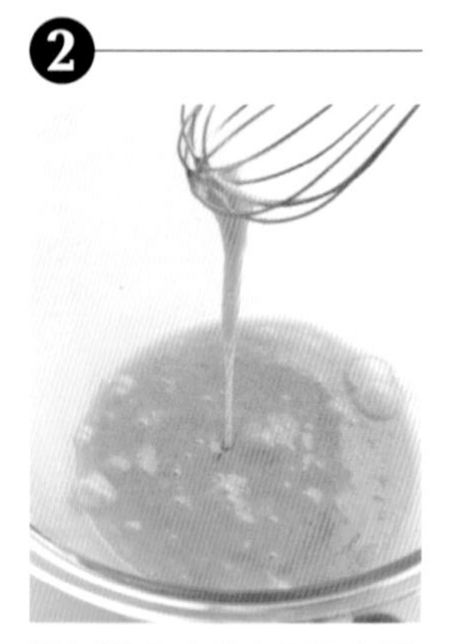

將料理盆中的全蛋用打蛋器打散。

❸

以打蛋器邊攪拌❷，邊依序加入鮮奶、鹽拌勻。

❹

加入黃芥末籽拌勻。

接著加入胡麻油拌勻。

❺

加入磨碎的起司粉並拌勻。

❻

加入❶的蔬菜及午餐肉，撒點黑胡椒，用料理筷大致拌勻。

7

邊篩邊加入粉料，並以料理筷大致拌勻。

point 從下撈起餡料，讓麵糊能夠沾裹餡料。

point 遵照天婦羅麵衣的作法，用料理筷大致拌勻，重點在於不要過度攪拌，才能避免形成麩質（參照P.14），甚至明顯改變成品口感（參照P.148～149驗證❶）

point 當粉末變少，就算還看的見粉末也沒關係，切記不可過度攪拌。

[倒入烤模]

8

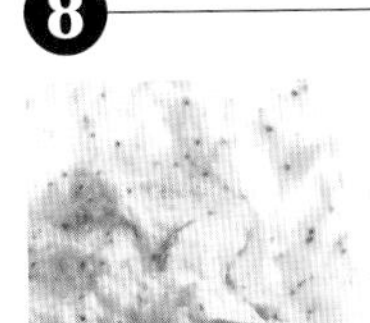

用橡膠刮刀將❼的麵糊刮入烤模。稍微整平表面，讓四個角都有麵糊。

point 麵糊倒入烤模時，不可以看見粉末。

[烘烤]

9

放入160℃烤箱烘烤30分鐘，烤盤轉向後再烤15分鐘左右。

※完全放涼後，以保鮮膜密封並存放冰箱冷藏，需在1～2天內食用完畢。

推薦的內餡組合

法式鹹蛋糕的內餡可替換成其他食材。午餐肉換成德式香腸、火腿或燉牛肉，蔬菜使用甜椒、番茄乾、毛豆、綠蘆筍也都非常美味。

驗證①

Vérification No.1

用打蛋器充分攪拌後再烘烤的話？

成品腰縮。不同的起司風味

法式鹹蛋糕在製作時只會稍微攪拌材料，若改變加入低筋麵粉後的攪拌次數，成品會有怎樣的差異呢？

依照基本作法（P.144～147），將作法統一如下。

❶為了方便驗證，不添加餡料（午餐肉、洋蔥、蘑菇、櫛瓜）。

❷由於沒有餡料，將烘烤條件修改如下。放入160℃烤箱烘烤30分鐘，烤盤轉向後再烤10分鐘。

基本作法是在加了低筋麵粉後，以料理筷大致攪拌40次左右，接著立刻烘烤（麵糊為冰冷狀態）。烤出來的成品濕潤，兼具法式鹹蛋糕應有的美味口感。

另一種作法是在加了低筋麵粉後，用打蛋器攪拌80次並立刻烘烤（麵糊為冰冷狀態）。此作法烘烤出來的法式鹹蛋糕雖然比基本作法更膨，糕體卻會腰縮。起司風味強烈，糕體輕盈但稍微較乾。分切時還能感受的到彈性。

這也讓我們得知，充分攪拌會形成麩質，讓糕體更加膨脹。若想避免腰縮，可稍微減少起司，並增加相對用量的低筋麵粉，也可以選擇添加麩質含量較多的低筋麵粉（紫羅蘭或Dolce）。然而，若是使用其他的低筋麵粉或中高筋麵粉會讓糕體變得稍嫌紮實，因此食譜中推薦各位使用特寶笠低筋麵粉。

在混合粉料時不要過度攪拌，就能打造出濕潤感適中的理想法式鹹蛋糕。各位不妨依照製作天婦羅的要領，嘗試用料理筷大致攪拌麵糊的方法。

依照基本作法（P.144～147），
用料理筷攪拌40次後烘烤的成品
用打蛋器攪拌80次後烘烤的成品

驗證②

Vérification No.2

若是加入溫牛奶，
讓麵糊溫度回到常溫的話？

糕體Q彈，
密度紮實

基本作法（P.144～147）使用的是冰冷麵糊，並直接進爐烘烤，因此烘烤時麵糊的溫度冰涼。
那麼，加入溫牛奶讓麵糊溫度回到常溫再烘烤會有怎樣的差異呢？

依照基本作法（P.144～147），將作法統一如下。

❶ **為了方便驗證，不添加餡料（午餐肉、洋蔥、蘑菇、櫛瓜）。**

❷ **先將鮮奶以500W微波爐加熱20秒左右，讓鮮奶溫度提高至26℃，這樣才能使麵糊溫度回到常溫。麵糊溫度為23～23.5℃（常溫麵糊），而基本作法（冰冷麵糊）的溫度為12～13℃。**

❸ **由於沒有餡料，將烘烤條件修改如下。放入160℃烤箱烘烤30分鐘，烤盤轉向後再烤10分鐘。**

烘烤加入溫牛奶的常溫麵糊，與基本作法的冰冷麵糊相比，常溫麵糊的成品口感較Q彈。糕體邊緣較乾，整體的口感既濕潤又鬆軟。放至隔天的濕潤程度會更明顯。

各位不妨依照自己喜歡的蛋糕口感，決定烘烤時麵糊的溫度。

依照基本作法（P.144～147），
用冰冷麵糊烘烤的成品

用常溫麵糊烘烤的成品

驗證③

Vérification No.3

麵糊靜置2天再烘烤的話？

成品Q彈有嚼勁。
接近麵包的口感

將法式鹹蛋糕的麵糊靜置後再烘烤的話，會有怎樣的差異呢？
於是我比較了基本作法（P.144～147）的立刻烘烤以及麵糊冷藏靜置2天後再烘烤。

依照基本作法（P.144～147），將作法統一如下。

❶ **為了方便驗證，不添加餡料（午餐肉、洋蔥、蘑菇、櫛瓜）。**

❷ **麵糊溫度為12～13℃。**

❸ **由於沒有餡料，將烘烤條件修改如下。放入160℃烤箱烘烤30分鐘，烤盤轉向後再烤10分鐘。**

靜置2天後，底部的麵糊會變黏稠，拌起來帶有阻力。

烘烤的成品口感Q彈，紮實糕體的整體性一致，品嘗時帶有嚼勁，口感較接近麵包。另外，起司就像凝結成塊一樣，呈現出強烈風味。

與基本作法的糕體切面相比，會發現食材更加融合，當然就能夠均勻分切。

正如P.14有關麩質的敘述內容，麵粉與水混合後，只要靜置就能形成麩質。
換句話說，靜置兩晚的話就能促進麩質形成，提升糕體強度，同時增加嚼勁。

就請依照自己喜歡的口感，決定是否要靜置麵糊以及靜置的時間。

依照基本作法（P.144～147），
立刻烘烤的成品

靜置2天再烘烤的成品

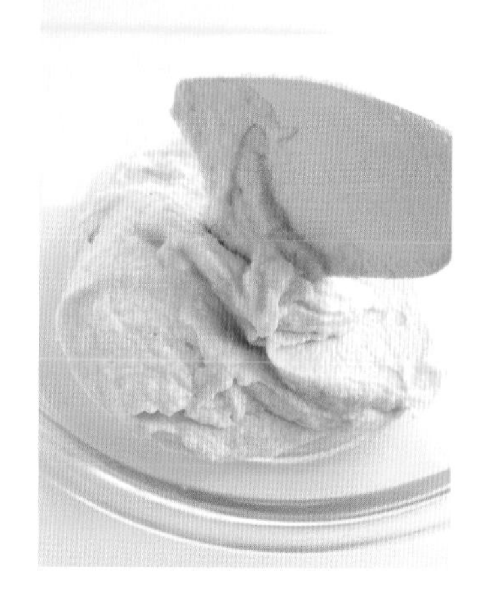

驗證結果一覽

本書的驗證頁面無法詳述所有做過的比較。
於是我把未添加其他材料的麵糊／麵團比較驗證列成了一覽表。
各位在檢討食譜之際，不妨加以參考。
下述的麵糊／麵團是沒有添加任何乳脂或副材料的純麵糊／麵團。
刊載頁面欄位顯示「—」是代表前述內文並無相關內容，
僅將驗證結果列於一覽表中。
各位可以參照各項食譜，來思考要如何調整。

刊載頁面	純麵糊／麵團特徵	材料配比與作法	特徵（成品、口感等）
貓舌頭餅乾			
P.16	基本	●不過度攪拌（避免明顯乳化） ●使用回溫奶油 ●使用紫羅蘭低筋麵粉	酥脆與鬆柔口感協調表現佳，帶有濃郁奶油香，外觀看起來也很美，但表面無光澤。
P.20	明顯乳化	充分攪拌至帶有阻力（明顯乳化）	較不酥脆，帶點嚼勁，表面無光澤。
—	融化奶油、奶油最後加入	改用融化奶油，依序加入杏仁粉＋糖粉→蛋白→低筋麵粉→融化奶油並混合	口感脆硬，奶油香氣強烈。形狀會稍微拓開（使用融化奶油的共通現象），表面帶有光澤。
P.22	融化奶油、奶油最後加入、麵糊冰過	**B**：改用融化奶油，依序加入杏仁粉＋糖粉→蛋白→低筋麵粉→融化奶油並混合，將麵糊冰過再使用	口感最紮實，砂糖甜味強烈，帶有奶油香氣。形狀會稍微拓開（使用融化奶油的共通現象），表面帶有光澤。
P.22	融化奶油、粉料最後加入	**C**：改用融化奶油，依序加入杏仁粉＋糖粉→蛋白→融化奶油→低筋麵粉並混合	奶油香氣薄弱，形狀會稍微拓開（使用融化奶油的共通現象），表面帶有光澤。
P.22	融化奶油、粉料最後加入、麵糊冰過	**D**：改用融化奶油，依序加入杏仁粉＋糖粉→蛋白→融化奶油→低筋麵粉並混合，將麵糊冰過再使用	奶油香氣薄弱，帶著一股粉類特有的味道，表面有些凹凸不平。形狀會稍微拓開（使用融化奶油的共通現象），表面帶有光澤。
P.24	Dolce	改用Dolce低筋麵粉	口感紮實脆硬，會感受到強烈粉味。
P.24	特寶笠	改用特寶笠低筋麵粉	餘味的甜味強烈，口感接近基本作法。
—	完全分離	採用基本作法，但一次加入所有的蛋白。 ※當奶油回溫程度不夠，蛋白冰冷時，同樣會出現分離情況。	口感酥脆，接近基本作法，但奶油風味揮之不去。成品凹凸不平，表面無光澤。

蛋糕捲

P.70	全蛋打發 100次	●攪拌（混合粉料）100次 ●使用全蛋打發法（材料加入全蛋中混合）	口感濕潤，糕體正反面的質地細緻。
P.76	全蛋打發 60次	攪拌60次	成品較乾且偏硬，帶點粉味，放至隔天會稍微變濕潤。
P.76	全蛋打發 30次	攪拌30次	稻和半紙黏得較緊，蛋糕兩面都很乾，放至隔天會出現明顯粉味。
P.78	分蛋打發	分蛋打發法（蛋白與蛋黃分別加入混合）	除了保有濕潤口感，還相當膨鬆輕盈。
P.78	分蛋打發 且擠成條狀	分蛋打發且擠成條狀的方法（將分蛋打發的麵糊擠成條狀）	膨鬆輕盈且帶彈性。
—	分蛋打發 且擠成條狀、 一半撒糖粉	將分蛋打發的麵糊擠成條狀後，於一半的麵糊表面撒糖粉	沒有撒糖粉的成品缺乏彈性，口感較硬。

奶油蛋糕

P.90	基本	●分8～9次加入全蛋 ●充分攪拌（以明顯乳化為目標） ●全蛋打發法（在奶油加入全蛋）	奶油香氣佳，口感濕潤，帶有雞蛋風味。
P.94	乳化不明顯	不過度攪拌（避免明顯乳化）	成品表現偏油且較沉甸。
P.98	分蛋打發	分蛋打發法（蛋白與蛋黃分別加入混合）	比起濕潤感，輕盈膨鬆表現反而更加明顯，還有些乾柴。
—	完全分離	依照基本作法，分4～5次加入全蛋。若奶油未完全回溫，全蛋仍是冰冷的話，同樣會完全分離。	口感蓬鬆，稍微偏硬。
—	完全分離＋ 加熱	將分離的麵糊加熱，使其接近乳化狀態（從分離狀態變成滑順狀態）	口感非常乾，吃不出甜味。

刊載頁面	純麵糊／麵團特徵	材料配比與作法	特徵（成品、口感等）
餅乾			
P.30	基本	●使用20g全蛋 ●使用80g精製白糖 ●不添加泡打粉或小蘇打法 ●攪拌時不打發	口感酥脆，能明顯感受到加分的粉味。奶油、雞蛋、粉料的協調表現佳。
P.34	全蛋→蛋白	20g全蛋改成20g蛋白	口感稍微紮實，會存留在口中。成品邊緣較立挺，顏色偏白，吃得出粉味。
—	全蛋→ 2倍蛋白	20g全蛋改成2倍蛋白（40g）	口感脆硬，吃不太出甜味，殘留的粉味會比20g蛋白配比更明顯。
—	全蛋→ 4倍蛋白	20g全蛋改成4倍蛋白（80g）	口感硬柴，粉味較重。感覺像在吃口糧餅乾。
P.34	全蛋→ 蛋黃20g	20g全蛋改成20g蛋黃	口感較為鬆柔，雞蛋風味濃郁，表面凹凸不平，出爐後顏色較深。
P.36	2倍全蛋	使用2倍全蛋（40g）	雞蛋風味強烈，成品除了酥脆，口感也夠紮實，成品會稍微拓開，且製作時麵團較黏稠。
P.36	4倍全蛋	使用4倍全蛋（80g）	口感除了紮實，也相當鬆柔，甜味並不會很強烈。表面凹凸不平，成品也會稍微拓開。製作時麵團非常黏稠。
P.36	無雞蛋	未添加雞蛋	口感非常脆硬，吃得到甜味，風味簡樸。製作時不易揉成團，出爐成品的表面會凹凸不平，切面出現分層。
P.38	砂糖減半	使用一半精製白糖（40g）	口感酥脆輕盈，較容易破損。隔天品嘗的話會吃到粉料與雞蛋的味道。烤出爐的成品形狀及大小就跟脫模時完全一樣。
P.38	2倍砂糖	使用2倍精製白糖（160g）	入口瞬間就能感受到紮實硬度，口感表現脆硬，成品表面凹凸不平。
—	砂糖、 全蛋皆改2倍	精製白糖與全蛋都增為2倍用量	成品容易拓開，口感也最硬，雞蛋風味薄弱。
P.40	添加泡打粉	製作時加入泡打粉	口感酥脆，帶有特殊氣味及些許酸味。邊緣較塌，表面會稍微膨脹。
P.40	添加小蘇打粉	製作時加入小蘇打粉	口感酥脆，帶有特殊氣味及些許酸味。缺乏餅乾原本該有的粉味及奶油風味。邊緣較塌，表面會稍微膨脹。
P.42	奶油打發	將奶油打發	口感輕盈，麵粉風味強烈，奶油風味薄弱。

P.52	全蛋→鮮奶	20g全蛋改成20g鮮乳	充滿奶味，甜味明顯。咀嚼時是能感受到嚼勁的硬度。從切面能看出存在氣泡。
—	全蛋→2倍蛋白	20g全蛋改成40g鮮乳	充滿奶味，會比20g鮮乳的配比成品更硬更紮實，吃得到甜味。
—	全蛋→4倍蛋白	20g全蛋改成80g鮮乳	充滿奶味，厚度與基本作法相同的話，會感覺較為黏稠，就像是殘留有水分的口感。
—	雞蛋最後加入	依序加入奶油→精製白糖→粉料→雞蛋製作	口感鬆散，雞蛋味道強烈。
—	材料冰過	將材料全部冰過，用桌上型攪拌器依序加入奶油→精製白糖→粉料→雞蛋混合	口感比基本作法更脆硬，相當有嚼勁。

杏仁塔

P.54	基本	●用桌上型攪拌器或食物調理機混合塔皮麵團的材料。 ●製作杏仁奶油餡時，要逐次加入1小匙全蛋（6～7g） ●充分攪拌杏仁奶油餡（以明顯乳化為目標） ●用橡膠刮刀混合杏仁奶油餡 ●迅速擠入杏仁奶油餡	塔皮能夠感受到杏仁、奶油的香氣以及麵粉的輕盈。杏仁奶油餡的奶油與杏仁風味表現非常協調，塔皮與內餡充分融合，餘味極佳。
P.60	輕微乳化	不過度攪拌杏仁奶油餡（避免明顯乳化）	甜味表現較弱，奶油風味強烈厚重。呈明顯的蛋黃顏色，感覺較不滑順。隔天則會滲出奶油油漬。
P.62	打發奶油	打發杏仁奶油餡要使用的奶油	奶油風味薄弱，表面雖然明顯膨脹，卻帶有粗糙的顆粒感。
—	使用手持式打蛋器1	將杏仁奶油餡要使用的奶油用手持式打蛋器打到發白（將全蛋加入奶油時，加入與基本作法相同的份量，但拉長每次的打發時間）	充滿油脂感，軟嫩，但甜味表現較弱。
—	使用手持式打蛋器2	將杏仁奶油餡要使用的奶油用手持式打蛋器打到發白（將全蛋加入奶油時，加入與基本作法相同的份量，大致混勻後就可再加入全蛋）	會有分離的感覺，甜味表現較弱，餘味充滿奶油味。
P.64	改變混合順序	維持製作杏仁奶油餡的相同配比，但改變材料加入順序	雞蛋風味強烈，甜味表現較淡。杏仁奶油餡與塔皮的協調性不佳，口感軟嫩，比基本作法更滑順。
—	完全分離	●依照基本作法，逐次加入2小匙全蛋（12～14g） ※若奶油未完全回溫，全蛋仍是冰冷的話，同樣會完全分離。	膨脹程度較不明顯，風味相當油膩。

刊載頁面	純麵糊／麵團特徵	材料配比與作法	特徵（成品、口感等）

巧克力蛋糕

刊載頁面	純麵糊／麵團特徵	材料配比與作法	特徵（成品、口感等）
P.122	基本	●讓巧克力與鮮奶油乳化，加入融化奶油拌勻 ●蛋白霜不要過度打發 ●巧克力加熱至50℃ ●使用可可含量55%的巧克力	巧克力風味濃郁，甜度較弱。外表爽脆，裡頭滑順細緻，充滿濕潤感。
P.126	輕微乳化	將巧克力與奶油一起融化後，再和鮮奶油拌勻。	帶有苦味，但巧克力風味薄弱。成品稍微塌陷，結構較脆弱鬆散。
P.128	硬性發泡	硬性打發蛋白霜	膨脹明顯，口感輕盈，卻又讓人覺得偏乾。濕潤表現薄弱。
P.130	70%巧克力	使用可可含量70%的巧克力	巧克力風味強烈，口感濕潤。膨起到非常鬆軟，且能夠直挺維持住形狀，糕體密實。
—	分離	將融化奶油一次全部加入分離麵糊（依照基本作法，在乳化巧克力與鮮奶油時，持續地加入材料，但不要攪拌到出現阻力）並拌勻	巧克力風味薄弱，感覺黏稠，結構較脆弱鬆散。
—	分離＋硬性打發蛋白霜	將硬性打發的蛋白霜加入分離麵糊（依照基本作法，在乳化巧克力與鮮奶油時，持續地加入材料，但不要攪拌到出現阻力）並拌勻	口感輕盈，結構較脆弱鬆散。

布列塔尼布丁蛋糕

刊載頁面	純麵糊／麵團特徵	材料配比與作法	特徵（成品、口感等）
P.134	基本	●加入中高筋麵粉後充分攪拌（120次） ●攪拌完立刻烘烤	萊姆香氣芳醇，與糕體完全結合，表面無光澤。
P.138	拌60次後立刻烘烤	加入中高筋麵粉後大致攪拌（60次）並立刻烘烤	萊姆香氣薄弱，口感軟爛。雖然膨脹明顯，卻快速凹陷，表面無光澤。
P.140	拌120次後靜置一晚	加入中高筋麵粉後充分攪拌（120次），靜置一晚再烘烤	萊姆酒香氣薄弱，口感有嚼勁卻不一致。膨脹程度不明顯，邊緣輪廓清晰，表面帶光澤。
P.142	拌60次後靜置一晚	加入中高筋麵粉後大致攪拌（60次），立刻烘烤／靜置一晚再烘烤	口感Q彈，邊緣輪廓清晰，表面帶光澤。
—	拌50次靜置兩晚	攪拌50次／靜置兩晚再烘烤	蛋味強烈，表面帶光澤。
—	拌150次靜置兩晚	攪拌150次／靜置兩晚再烘烤	正中央的口感接近布丁，非常厚實，表面帶光澤。

瑪德蓮

P.106	基本	●麵糊靜置一晚再烘烤 ●麵糊冰過再烘烤 ●奶油最後加入 ●使用融化奶油 ●以瓦斯烤箱（160℃）烘烤	強烈的濕潤口感，檸檬風味佳，奶油香氣明顯。
P.110	立刻烘烤	不靜置麵糊，立刻烘烤	口感輕盈，成品蓬鬆。
P.110	靜置2天	麵糊靜置2天再烘烤	質地細緻，強烈的濕潤口感，檸檬風味較薄弱。
P.112	常溫	烘烤常溫麵糊	爽脆口感，邊緣稍硬。膨脹程度較不明顯。
P.114	粉料最後加入	製作時，粉料留到最後加入	檸檬風味頗為強烈，糕體口感最接近基本作法。
P.116	軟化奶油	使用軟化的奶油	口感輕盈，濕潤感較沒有基本作法明顯。
P.118	電熱烤箱180℃	以電熱烤箱（180℃）烘烤基本作法的麵糊	粉味明顯，奶油風味薄弱，烤色偏淡較不均勻，凸肚臍平滑。
—	電熱烤箱190℃	以電熱烤箱（190℃）烘烤基本作法的麵糊	帶有濕潤感，外表較硬，凸肚臍不明顯。
—	打發雞蛋	將基本麵糊的雞蛋打到發白後再烘烤	檸檬風味強烈，並殘留有雞蛋風味，凸肚臍不明顯。
P.120	矽膠烤模	以矽膠材質烤模烘烤基本作法的麵糊	會左右拓開，口感帶有粉味且偏乾，檸檬風味強烈。
P.120	薄金屬烤模	以薄金屬烤模烘烤基本作法的麵糊	成品接近基本作法，能烤出漂亮顏色，凸肚臍明顯。

法式鹹蛋糕

P.144	基本	●加入粉料後，僅大致攪拌 ●攪拌後立刻烘烤（麵糊為冰冷狀態）	品嘗起來相當順口，輕盈卻帶有濕潤感。起司與粉料的協調表現佳。
P.148	充分攪拌、冰涼	加入粉料後，充分攪拌／攪拌後立刻烘烤（麵糊為冰冷狀態）	起司風味強烈，膨脹明顯卻會腰縮。糕體輕盈但稍微偏乾。
P.150	大致攪拌、常溫	加入粉料後，僅大致攪拌／加入溫熱牛奶，讓麵糊回到常溫	起司風味強烈，成品會腰縮。口感既濕潤又鬆軟Q彈，但糕體邊緣較乾。
—	充分攪拌、常溫	加入粉料後，充分攪拌／加入溫熱牛奶，讓麵糊回到常溫	非常Q彈，密度紮實。
P.152	大致攪拌、靜置2天	將大致攪拌的麵糊靜置2天再烘烤（麵糊為冰冷狀態）	Q彈，口感接近麵包，起司風味強烈。

PROFILE

竹田薫（Kaoru Takeda）

西式糕點研究家、製菓衛生師。自幼開始製作糕點，更在日本國內外各種糕點教室及糕餅店學習知識。目前於家中開設料理家及專業職人也會參加的西式糕點教室。
除了教授講究的食譜及自創方法外，更會從中探討「失敗的原因」、「為何選用此材料」等理論，其明確的上課方式廣受好評，並活躍於媒體界與活動場合。著有「狂熱糕點師的洋菓子研究室」（瑞昇出版）。

【材料協力】

株式会社富澤商店（TOMIZ）
オンラインショップ
https://tomiz.com/

中沢乳業株式会社
ホームページ
https://www.nakazawa.co.jp/

株式会社ラ・フルティエール・ジャポン
ホームページ
https://www.lfj.co.jp

TITLE

狂熱糕點師的「乳化＆攪拌」研究室

STAFF

出版	瑞昇文化事業股份有限公司
作者	竹田薫
譯者	蔡婷朱
總編輯	郭湘齡
責任編輯	張聿雯
文字編輯	徐承義　蕭妤秦
美術編輯	許菩真
排版	二次方數位設計　翁慧玲
製版	明宏彩色照相製版有限公司
印刷	龍岡數位文化股份有限公司
法律顧問	立勤國際法律事務所　黃沛聲律師
戶名	瑞昇文化事業股份有限公司
劃撥帳號	19598343
地址	新北市中和區景平路464巷2弄1-4號
電話	(02)2945-3191
傳真	(02)2945-3190
網址	www.rising-books.com.tw
Mail	deepblue@rising-books.com.tw
本版日期	2021年8月
定價	480元

ORIGINAL JAPANESE EDITION STAFF

撮影	福原 毅 以下のページを除く P137ファーブルトン（囲み内）／たけだかおる
アートディレクション	アートディレクション／大薮胤美（株式会社フレーズ）
デザイン	宮代佑子（株式会社フレーズ）
編集	平山祐子
企画	佐藤麻美
協力	河田昌子（農学博士、食品工学専攻）
調理アシスタント	近藤久美子、水嶋千恵、佐々木ちひろ、鎌田悦子、清水美紀、田中和嘉子
校正	畠山美音

國家圖書館出版品預行編目資料

狂熱糕點師的「乳化&攪拌」研究室 = Kaoru Takeda maniac lesson / 竹田薫著；蔡婷朱譯. -- 初版. -- 新北市：瑞昇文化, 2020.11
160面；18.2x24.5公分
ISBN 978-986-401-445-3(平裝)
1.點心食譜

427.16　109014631